财富进阶

30年后，别让自己老无所依

北京日报出版社

图书在版编目（CIP）数据

财富进阶 ：30年后，别让自己老无所依 / 赵黎著
. -- 北京 ：北京日报出版社，2022.1
ISBN 978-7-5477-4167-2

Ⅰ. ①财… Ⅱ. ①赵… Ⅲ. ①财务管理—通俗读物
Ⅳ. ①TS976.15-49

中国版本图书馆CIP数据核字(2021)第273088号

财富进阶：30年后，别让自己老无所依

出版发行：北京日报出版社
地　　址：北京市东城区东单三条8-16号东方广场东配楼四层
邮　　编：100005
电　　话：发行部：（010）65255876
　　　　　总编室：（010）65252135
印　　刷：运河（唐山）印务有限公司
经　　销：各地新华书店
版　　次：2022年1月第1版
　　　　　2022年1月第1次印刷
开　　本：880毫米×1230毫米　1/32
印　　张：9
字　　数：150千字
定　　价：49.80元

序言

在“智商”与“情商”之后，人们又提出了一个新的概念，即“财商”。

“财商”一词最早出现于美国著名作家兼企业家罗伯特·清崎的作品中，本义是“金融智商”。

在现代社会，经济与金钱现象可以说是无处不在，人们对金钱的态度以及赚取和管理金钱的能力，也成为衡量一个人成功与否的重要标准之一，更重要的是，这项能力直接决定了人们生活的富足和品质。可以说，财商对于人们的重要性，甚至已经超过了智商和情商。

一直以来，人们对金钱的态度非常有趣，一方面孜孜不倦地追求，另一方面却又不断地鄙夷。“金钱是万恶之源”，仿佛非得“视钱财如粪土”才能体现出自己品性的高洁。然而，金钱又有什么错呢？真正作恶的不过是人的贪欲罢了。

古语有云：“天下熙熙，皆为利来；天下攘攘，皆为利往。”

古语又云：“君子爱财，取之有道，用之有度。”

可见，金钱本身并不是“恶”，爱钱也不是什么丢人的事，只要懂得克制自己的贪欲，守好品行的底线，金钱于我们而言，反而是创造美好生活的重要助力。

在踏入社会之前，很多人可能都体会不到金钱究竟有多重要，因此往往能昂着高贵的头颅，轻蔑地说上一句："庸俗！"

踏入社会之后，面对着上涨的物价，微薄的工资，只存在梦中的房子、车子，还有多少人能再理直气壮地对金钱说一句"庸俗"呢？

凡事都有两面性。学会用正确的态度去看待金钱吧。如果你已经浑浑噩噩地走过了人生的青春岁月，却仍不曾合理规划过自己的未来；如果你已经踏上社会、步入职场，却依旧过着毫无规划的"月光"生活——那就赶紧停下来，好好想一想，三十年后的你，靠什么来养活自己？

你希望每天叫醒你的，是梦想还是账单？

你希望每天伴你入眠的，是富足感还是贫穷感？

你希望每每想到未来，萦绕在心间的，是安心还是茫然？

无论你是刚刚步入社会的职场新人，还是已经踏入婚姻殿堂的全职主妇；无论你贫穷还是富有；无论你尚且年轻还是青春已逝——只要还有一丝想要改变人生的念头，只要还存一缕点燃生活的希望，都应该重视投资理财！

行动起来吧，只要肯学习、肯努力、肯付出，就能实现财富的进阶，为自己拼一个富足的未来！

目 录

Contents

第一章 危机感，你有了吗

第二章 理财意识，从此开始

第三章　省与存，第一桶金

第四章　斜杠吧！工薪一族

第五章　为保险，买准保险

第六章　做定投，滚大雪球

第七章　战股市，小心驾驶

第八章　玩收藏，财趣益彰

第九章　购车房，仔细思量

第一章　危机感，你有了吗

——养老全靠社保凑，三十年后够不够？

眼下，年轻的你可以维持“有品质”的生活，但是在你老了之后，高品质的生活该如何维持呢？如果选择靠社保养老金，那么你需要考虑三十年后那点钱够不够？

“月光族”的钱都去哪了

“敏敏，周末的相亲怎么样？那位优质的男士是不是已经拜倒在你的石榴裙之下了呀？”星期一早上，几个同事围住了赵敏敏，特别好奇她上周末的相亲宴。

赵敏敏叹了口气，有气无力地说：“相亲失败了，对方都没有要我的电话号码。”很显然，对方不想再联系她。

“怎么可能？你可是我们无往而不胜的女神哎！”几个同事一点也不相信。

赵敏敏却自嘲:“什么女神？我看是‘月光女神’还差不多。”

这话令几个同事面面相觑，而赵敏敏也不禁想起了相亲那天的场景。

赵敏敏今年二十八岁，长得非常漂亮，气质也特别好，是名妥妥的女神级人物。但在感情上，她还一直没有着落。就在前两天，一个相处得很好的同事要给她介绍一位男士。这位男士是名医生，个头高，模样也帅气，绝对是名优质男。

赵敏敏对对方很满意，便答应见面了，为了在对方心中留下好印象，她特地精心打扮了一番，使得她看上去优雅而知性。在和男方见面后，赵敏敏从对方的眼神中看到了“惊艳”和“满意”，她也一度以为自己的魅力已经将对方俘获。然而，在她回答了对方一个问题后，对方的态度立马变得冷淡起来。

那个问题是：“你有存钱的习惯吗？”

赵敏敏如实回答说“没有”，为了缓解气氛，她还调侃自己是个“月光族”。

就这样，最后连彼此的电话号码都没留就散了场。

在现实生活中，很多人的薪水很高，但薪水恰好又与自己的消费持平。到最后成为名副其实的“月光族”。

在很多“月光族”看来，这样的消费观念没有什么大不了，对未来没有多大的影响，因为未来有社保保障自己的生活。但在理智的人看来，“月光族”却是一个很恐怖的存在。因为“月光族”意味着未来要靠社保度日，意味着不能随心所欲去生活，意味着在急需用钱的时刻拿不出钱来。

“月光族”的身上有一个共同点，就是喜欢肆意消费。那么，是什么原因造成他们每月将钱花得精光呢？其实，是这些思想观念在作祟：

观念一：别人有的，为什么我不能有

每个人都会有攀比的心理，但对感性的人来说，其攀比心更甚，特别是在与同伴一起购物时，攀比心理表现得更为强烈，但凡别人买的，自己也要买。这种心理会致使消费观念变得冲动、盲目、不理智。回过头再来看看自己在攀比心理的影响下而买下的东西，你会发现有很多都是不适合自己的。可见，满足攀比心理，付出的代价就是成为“月光族”。

观念二：心情不好，需要购物来慰藉

人心情不好的时候，需要找个方式去发泄。对很多人来说，购物是最好的发泄方式。所以，在感受到工作压力时，在失恋时，在人际关系产生矛盾时，他们会通过买买买，来发泄那些不好的情绪，以慰藉自己的心灵。

虽然有研究表明，购物的确能缓解人的情绪。但是我们也要清楚地意识到，通过购物的方式发泄情绪后，会有新的压力

产生，譬如成为“卡奴”。

观念三：我不是在花钱，我是在省钱

很多人在遇到打折、促销等活动时，不管是不是自己需要的，都会兴奋地买买买。一个不注意，消费过了度，就会成为“月光族”。

殊不知，所谓的打折、促销、换购，等等，这些看似你占了便宜的活动，其实都是商家的套路。不可否认，在每一单上，商家赚的没有活动前多，但是通过薄利多销，商家也能赚得钵满盆满。而商家赚得钵满盆满，意味着我们要掏空口袋。如此看来，你认为的省钱，不仅没有省到钱，而且还花了更多的钱。

除此之外，还有许多原因能造就“月光族”的诞生。而想要摘掉“月光族”这顶高帽，这里有一些小窍门。

窍门一：树立对老年生活的危机感

与其说树立对老年生活的危机感，不如说树立对钱的危机感。可以说，几乎每个“月光族”的理念都是注重当下，不考虑未来，而这样的理念显然是错误的。年轻时存钱是为了未来年老时能够很好地去生活，这才是正确的理念。因为，年轻时

身体各项机能都很好，能够赚到钱，但老了后，身体机能都衰退了，那个时候挣钱会是件很困难的事。

或许有的人会不以为然，觉得老了有社保。但是，我们需要知道，社保仅仅是最基本的保障。它或许能够令你吃饱、穿暖，但绝不能保障你更深层次的消费与追求，譬如吃好、穿好，以及精神上的享受等。到了那个时候，你就会后悔自己过度消费的行为，后悔自己为什么没有存钱的意识！所以，我们一定要建立对老年生活的危机感，多考虑考虑未来的生活。

窍门二：树立正确的消费观

正确的消费观是不存在虚荣心的，我们都要明白，生活是自己的，无须和他人比较。此外，买买买并不是唯一的发泄负面情绪的方式，在感到心情不好时，我们可以通过向他人倾诉烦恼、来一场酣畅淋漓的运动等方式发泄。最为重要的一点，我们买东西要量力而行，要只买对的，绝不能透支消费，买不适合自己且不实用的东西。

窍门三：建立存钱意识

存钱的目的，是老了以后不为钱而烦恼，当脑海里有了这个意识后，就要及时地行动起来。或许有的人会说，自己有存钱的心，但就是做不到。对此，不妨记录自己的消费账单，反省自己的消费行为，找出那些不当的消费，那么在下一次消费时，就会避免踩到这个雷区，钱也就存了下来。特别是当看到自己的钱存得越来越多时，会越发有成就感，在存钱上也会更有动力。

为了未来年老的自己不为钱而烦恼，不为钱而折腰，此刻起，我们就要对钱有危机感，就该朝“成为有钱人”这个目标进发。

存养老金能跑得过通胀吗

李落发现，她的顶头上司张姐，最近总是唉声叹气，甚至在工作中出了错。这样的异常令她非常吃惊，因为她跟在张姐身边好几年了，而张姐在她心中一直是个“完美的女强人”的形象。

这一天，李落在下班时，忍不住问张姐：“张姐，你是不是遇上困难了？”

张姐叹了口气，摇了摇头说：“是遇上困难了，因为再过几个月，我就要退休了。”

张姐的话令李落很不解，她说：“退休有什么不好的？不用工作了，想去哪里玩，就去哪里玩。换作是我，早就乐不思蜀了。”

张姐一听，不由得笑了：“你还是太年轻。没错，退休了，时间是有了，但是想随心所欲地生活，前提是得有钱呀！前两年儿子结婚、买房，早就掏空了我们老本。”

“你退休后不是还有养老金吗？”李落说。

“养老金只能令我吃喝无忧，却不能让我潇洒度日啊。”张姐感慨地说。

这之后，张姐向李落分析起她感慨的原因。

张姐在几十年前就缴纳社保了，但那个时候，工资水平普遍不高，所以缴的养老保险金额也不高，一直到现在，她的养老金账户里的钱都不多。当前社会，养老金是个人账户承担一部分，国家承担一部分。因为她个人账户金额少，致使她以后拿到手的养老金并不多。这点钱，能保证她的基本生活，但是离享受生活还差远了。特别是，如果身体生个大病之类的，那点养老金根本就不够看病的。

张姐的话令李落居安思危起来。她意识到，张姐的情况很有可能出现在几十年后的自己身上。因为经济都是向前发展的，虽然当前自己缴纳的养老保险金额不低，但是等几十年后，这点钱根本就不算什么了。所以，李落为了未来有一个好的晚年生活，为了年老时不为钱而烦恼，她决定要做点什么了。

很多女性都抗拒变老，并打心眼里认为，“老”离自己很远很远。然而，这世界上有很多东西能够停止，唯独时光不会停止。所以，“老”是每个人的必然结局。“老”意味着劳动力的丧失，意味着不能再赚钱自给自足。那么，有多少人思考过，当你变老时，该如何生活呢？

有些人会想着靠儿女。因为中国自古以来都有“养儿防老”的观念，即我养你小，你养我老。所以，不少人会将年老时的生活寄托在儿女的身上，希望让儿女来保证自己的衣食住行。然而，他们的寄托却是儿女的负担，会令他们在这个社会负重而行。

心疼儿女的女性，会想到依靠社保来养老。可以说，这是很多人的养老渠道。不可否认，社保的确能保障我们的老年基本生活，使我们吃饱、穿暖。但我们也要意识到，社保里的养老金并不高，也仅仅能令未来的我们吃饱、穿暖，但绝对达不到吃好、穿好的地步，更别提其他一些享受型消费了。

更重要的一点，按照当前经济发展的速度，几十年后，你的养老金能跑得过通货膨胀吗？答案显然是令人担忧的。

以我国社保体系较为发达的地区为例，按照目前养老金的调整比例，在未来社会平均工资稳定上升的大前提下，个人的收入越高，那么退休后获得的养老金达到退休前收入的比例就越低，特别是对高收入的人群来说，这个比例还要更低。到那个时候，你所拿到的钱只能保障基本生活，而想要将退休后的生活维持在当前的生活水平，仅靠养老金是不够的。

因为，在当前社会，物价是持续增长的。几十年前，一百块钱的购买力大得惊人，但放在现在，一百块钱根本就买不了什么。所以，不要认为自己当前缴纳的养老金多，未来就无后顾之忧。

所以，为了让自己在年老时不为钱而烦恼，我们一定要有一个养老计划。对此，有这样一些小窍门。

窍门一：为自己的养老金做一个预算，另外购置一份高比例报销的医疗保险

有一位理财师做过这样一个预算：一个人如果按照六十岁退休，活到八十岁的标准来计算，养老生活为二十年。在这二十年里，如果要维持中国白领的生活水平标准，那么需要三百万元。所以，如果你不懂得投资理财，也不想通过其他方式来实现财富的增长，可以以这个金额为目标，从此刻起，努力存钱，积累财富。当积累到这个数额时，晚年也会有一个好的结局。

当然，肯定会有人想到生病的问题，尤其是生一场大病，

极有可能会花费所有的积蓄。这个时候，不妨考虑为自己购置一份高比例报销的医疗保险。

窍门二：为自己购置第二份养老保险

在我国，除了可以购买国家养老保险外，还可以购买商业养老保险。而商业养老保险，是老年人退休后的第二桶金。所以，如果你认为一份养老保险无法保证自己老年时的生活，不妨为自己购置商业养老保险。

在购置商业养老保险时，要注意这样几个问题：首先，你当前的经济条件允许你的购买行为。虽然说，买养老保险是为了以后能更好地生活，但我们不能为了未来的好生活，而苦了现在的自己。所以，在你的经济条件许可，且不影响当前生活质量的情况下，可以考虑购买商业养老保险。

其次，选择靠谱的保险公司购买商业养老保险。可以说，当前保险行业的环境鱼龙混杂，各种大小、类型的保险公司令人眼花缭乱，选择保险公司时，一定要选择规模大、成立时间长、有担保机构、资金雄厚的公司，这样才不会面临大风险。

窍门三：理财投资不能少

理财和投资都是令财富增长的方式之一，当你有闲钱时，不妨进行理财，或是投资一些项目。需要注意的是，理财和投资是存在风险的，如果你承担不了亏损的风险，或是对投资、理财不甚了解，那么这条路可以不走。

所谓未雨绸缪，就是在雨没下之前做好避免被雨淋的准备。在你还没有变老之前，一定要为自己的老年生活未雨绸缪，做好充分的准备。

谁是女人最可靠的肩头

在这个社会，女性相对是弱势群体。在体力上，女性比男性弱；在从事的工作上，女性也比男性的选择要少一些；在工作的年限上，女性也比男性短，一般都会比男性提早退休。当一个女人年老、没有工作能力时，谁能成为她的依靠呢？

有些女性会选择依靠自己的丈夫，因为丈夫的劳动力比自己长久，然而，你可曾想过，丈夫的身体可能还没有你的身体健康呢？

有些女性会选择依靠自己的父母，认为父母工作了一辈子，一定会有很多的积蓄，然而，你可曾想过，你都没有积蓄，又如何敢肯定父母有许多积蓄呢？

有些女性会选择依靠自己的子女，并理所当然地认为生养孩子就是为了给自己养老，然而，你可曾想过，你的孩子肩上的担子有多重？哪怕他们能负担你的晚年生活，你又怎么能保证晚年的生活水平会非常不错？

当然，还有一部分女性选择谁也不靠，她们将希望寄托在养老金上，计划靠养老金来保障自己的老年生活。不可否认，养老金确实能保障我们吃穿，但它并不能保证我们有质量的生活，在我们生病时，它也无能为力。

那么，谁可以成为女人最可靠的肩头呢？其实是财务自由。

苏瓷年轻时，是个非常漂亮的姑娘，追求她的人犹如过江之鲫。她现在的丈夫当初追求了她好几年，且对她非常好，她才选择嫁给了对方。

结婚之前，苏瓷是有工作的，但是结婚没多久，她怀孕了。丈夫不想她太辛苦，便建议她辞职。对此，苏瓷同意了，一来是因为她怀孕时的反应很大，工作确实令她很疲惫；二来丈夫的工资很高，完全可以令他们很好地生活。

孩子生下来后，苏瓷有好几次萌生了重回职场的念头，在她和丈夫商量时，丈夫以孩子太小，父母要陪伴孩子成长、教育孩子等理由，反对她回职场。为了安抚她，丈夫每个月会给她可观的生活费。苏瓷见手上不缺钱，丈夫又靠得住，便没再提回职场的事了。

就这样，一晃眼几十年过去了，苏瓷已经五十多岁了，孩子在不久前刚成家。苏瓷本以为自己可以安心地过养老生活了，哪想到现实给了她残酷的一击，她的丈夫向她提出了离婚，理由是感情不和。

苏瓷的内心是崩溃的，她除了有对丈夫的不舍外，更多的是对自己老年生活的担忧。因为孩子结婚时，已经掏空了家里的老底，她那时候不担忧自己的老年生活，是因为丈夫还能赚钱，她还有养老金。但现在，离婚意味着丈夫不再供养她，而她那点微薄的养老金除了让她饿不着、冻不着外，根本不能维持当下的生活。

苏瓷越想就越后悔。她后悔自己年轻时不该有靠丈夫的想法，她应该出去工作。如果她能够实现财务自由，现在根本就不会陷入迷茫无助的地步。

在封建社会，女性要遵守三从四德，其中的三从即未嫁从父、出嫁从夫、夫死从子，那个时候，可以说父亲、丈夫、儿子是女性的依靠。但如今早已进入了新社会，三从的观念早已从人们的观念中剔除了，父亲、丈夫都不再视女儿、妻子为自己的义务，而儿子即便需要尽赡养义务，但赡养的程度也是因能力而异的。更有甚者，有的女性还会在人生中遭遇父亲过早离世、丈夫对感情不忠、儿子不孝顺等不确定的因素。所以，没有谁是女人最可靠的肩头，唯有靠自己，实现财务自由，才是正道。

那么，女性如何实现财务自由呢？答案是要有一份属于自己的事业。

很多女性在结婚前是有工作的，但是因为“男主外、女主内”思想的影响，结婚后，怀孕生子、教育孩子、照顾家庭等重任全都不知不觉地落在了女性的肩头，这就导致女性在工作上力不从心。如果丈夫的收入尚可，她们就会萌生出当全职太太的念头。

我们需要明白，当你选择成为一名全职太太，就意味着在经济上处在被动的位置，哪怕当前你的家庭的财政大权由你掌握，但你能保证丈夫对你一辈子忠诚吗？那个时候，你也将失去掌管家中财政大权的机会。更重要的是，你已经脱离职场很久，也逐渐上了年纪。没有竞争力且身体机能逐渐衰退的你，所能创造的价值已经是微乎其微了。

当你有了一份工作，有了经济收入后，你才能在经济上占据主动权，才不会为自己的老年生活而担忧。所以，不管你当前的生活有多忙碌，都要好好经营自己的工作，实现经济上的独立。

当实现财务自由后，接下来就要朝实现财富增长这个目标进击。因为，将自己的财富拓展得越多，未来的老年生活才会越美好。对此，我们可以去理财、去投资，也可以去创业，等等。

人生，就是一条未知的路，可能前一秒还风和日丽，下一秒就狂风骤雨。这个世界世事难料，没有谁能成为谁的依靠，所以，女人唯一能靠的就是自己。

靠自己打拼才能晚年无忧

“小茵，你考虑得怎么样了？打算拿多少钱出来买咱们公司的原始股呀？”某个工作日，李茵一走进办公室，同事小灿就迫不及待地问她。

李茵听后，摇了摇头，笑着说：“我不打算买！”

“你头脑发热短路了吗？”小灿不可置信，她伸手摸了摸李茵的额头，接着说，“小茵，那可是咱们公司的原始股。你知道原始股意味着什么吗？意味着公司收益，我们能拿到分红，意味着公司有重大决策时，我们有发言权。如果公司未来能够成功上市，咱们手上的原始股就更值钱了。以后咱们就算不工作，公司的红利就能让咱们衣食无忧，这机遇多难求！”

李茵听小灿分析后，不禁沉默起来。

李茵和小灿是大学同学，两人毕业后，进了一家小公司工作。如今几年过去了，公司经营得越来越好，规模也扩大了许多。

就在最近，公司接到了一个非常好的项目，可以说是稳赚不赔。但经过测算，公司在这个项目上还欠缺一些资金。本来，公司向银行贷款就能解决资金的问题，但老总没那样做，他提出了让公司的老员工们购买原始股以解决资金短缺的建议。当然，他这么做也在回馈、感谢这么多年来老员工们对公司的不离不弃。

公司的员工们听到这个消息后，纷纷查看自己手上有多少流动资金，也因此有了小灿询问李茵的那一幕。

李茵沉默了一会儿后，还是摇了摇头，“我决定了，我不买公司的原始股。”

“小茵，你知道吗？你不买，就是眼睁睁地看着人民币从眼前飞过去呀！”小灿皱着眉头，继续说，“你能告诉我你不买的理由吗？”

李茵想了一下说：“我不是谈了一个男朋友吗？最近我们已经在谈婚论嫁了。在买房上，我男朋友希望我也能出一点力。所以，我的钱要拿去买房，不能买公司的原始股了。”

“就因为买房，你将失去一个暴富的机会。”小灿非常遗憾地说。

李茵一听，不禁笑了："没准我的男朋友也能让我成为富婆啊！"

就这样，几十年过去了，公司发展得很好，那些购买了原始股的员工退休后，每年都能拿到一大笔的分红，尤其是公司上市后，他们获得的利润更多。反观李茵，她也快到退休的年龄了，她本以为能靠老公为自己创造财富，哪想到这么多年来，老公一直碌碌无为。她想到同事们老了，不用为钱而烦恼，想买什么就买什么后，内心无比羡慕，在担忧自己老年生活的同时，也时常为自己未购买公司原始股的行为感到后悔。

很多女人都曾思考过，自己老了以后的生活。有一部分女性会将自己的老年生活想象得很美好，觉得自己老了以后依然能衣食无忧，依然能够尽情享受。这类女性会有这样一个美好的设想，当然也是有底气的，她们不是自己的经济实力强硬，就是内心上有所依靠，有所寄托。

依靠和寄托谁呢？当然是自己的男人。她们打心眼里认为，自己的男人能够帮自己实现致富的美梦，而她们自己，只要做好当前的工作，好好享受眼前生活就行。但事实上是，靠男人不如靠自己打拼。

社会在进步，创造财富不再有性别之分，只要有信心和魄力，女人也可以打出一片天地来，从而实现致富的美梦。

就像在富豪榜上能排上名的女富豪张茵，她原本有一份待遇非常不错的工作，但是她不甘心自己老了以后靠养老金生活，不甘心自己的老年生活没有质量，便想要创造财富。所以，她毅然地辞去了自己稳定的工作，带着全部的积蓄投入了废纸回收行业。在创业过程中，她遇到了很多的困难与挫折，但每一次，她都咬牙坚持了下来，也最终取得了成功，赚取了大笔的财富。这些财富令她在晚年的时候，可以有质量的生活。

在现实中，如张茵一样成功致富的女性有许多。在她们的身上，我们能够找到这样一些共同点：她们有智慧，她们有勇气有胆识，她们敢于做自己想做的事。正是这种不靠他人、不服输的精神，才令她们获得了成功，创造出了财富。

女性致富的方式有很多，譬如创业、投资、理财等。如果存在资金不足的情况，或是害怕承担创业失败的风险，不妨尝试以下致富的小窍门。

窍门一：从事公关行业

在这个高速发展的时代，公关行业更为重要。在这个行业里，不管是成立自己的公关公司，还是在别人的公司担任公关代表，都是可以创造出财富的。当然，想要成为一名出色的公关，少不了要提升自己的表达能力、交际能力、协调能力，等等。

窍门二：从事媒体行业

在数字技术、计算机网络技术和移动通信技术等新兴技术的推动下，新媒体产业迅猛发展，媒体和产业通过资源重组、价值重塑、相互融合、相互赋能，已经形成一个新的媒体生态，这个新的产业生态给每个人都提供了进入的机会。

如果你也有一定的专业积累，有较强的文字表达能力，或者有突出的才艺，也可以尝试向新媒体行业进军。

窍门三：从事保险行业

当前的保险行业就像是一个正在发酵的面团，还在不断地扩展。因为，每个人都离不开保险，譬如汽车需要保险，养老需要保险，医疗需要保险，等等。很多人会购置多份保险。未来，人们对保险的需求会只多不少。所以，从事保险行业，只要业务能力出众、资源广，就一定会大有可为。

总之，想让自己的晚年生活无忧无虑，应该立即行动起来，朝致富这个目标挺进。

如何支撑起自己的梦想

每个人都会有梦想，在每个年龄段，我们的梦想也都不同。那么，当你老了之后，你有什么梦想呢？

有些人梦想自己老了之后，可以去环游世界，因为年轻时，一心扑在工作上，做不到有钱又有闲；有些人梦想自己老了之后，可以在乡下建一座复古风的房子，过“采菊东篱下，悠然见南山”的田园生活；有些人梦想自己老了之后，去创业，希望能赚更多的钱……

不可否认，这些梦想都很美好，令人无限向往。但有一个现实我们不得不认清，那就是这些梦想都是建立在有钱的基础之上。因为，环游世界需要钱，建房子需要钱，创业也需要钱。而我们老了之后领取的那点微薄的养老金，根本无法实现这些梦想。所以，没有钱的话，这些梦想始终只是一个美好的幻想。

兰姐今年五十多岁了，她的一生非常坎坷。丈夫在她三十多岁时，因病去世了，养家的重担落在了她的身上。好在她的工资尚算不错，能够让她赡养父母，供养孩子。前些年，她的父母相继去世，孩子大学毕业，进入了职场，而她也到了退休的年纪。

退休后，兰姐靠着养老金生活。养老金虽然不多，但她没有不好的消费习惯，对生活的质量没有高要求，所以养老金也能让她衣食无忧。在家闲了一段时间后，兰姐忽然想到了自己年轻时的梦想。她曾经梦想自己能成为一名作家，出版自己的作品。

因为在家无事可做，她实现梦想的想法更加强烈了，咬牙买了一台电脑后，她马不停蹄地投入到创作之中。兰姐写的是个人自传，她希望以自己坎坷的经历来鼓励处在困境中的人们能够勇敢地面对生活。

就这样，大半年后，兰姐的自传写好了，她将作品投到了出版社。过了数月，出版社仍没有回复她。等不及的兰姐给出版社打去了电话，询问对方自己的书能不能出版。对方回答说：

“女士，您的书可以出版，但是需要您自己负责出版的费用。”

显而易见，兰姐的书没有被出版社看中，所以想要出版的话，只能走自费这条路。

然而，兰姐太想出书了，她询问了对方出版的费用。对方一经计算，说出来的费用远远超出她的预算，她手上的钱根本就不够。为了实现自己出书的梦想，兰姐联系上了儿子，希望儿子能够拿点钱，帮助自己实现梦想。

兰姐的儿子看过兰姐的书稿后，咬牙拒绝了。虽然母亲的书写得很动人，但是故事很普通，缺乏商业价值。如果他是一名读者的话，根本就不会花钱买。

兰姐看自己的出版梦化为泡沫，难过不已。她想，如果自己手上有钱就好了。

很多人都有梦想，但是有时候，梦想与现实相冲突，特别是年轻的时候，因为要忙着赚钱，没有时间去实现梦想。反倒是老了之后，才会重拾梦想。

因为，老了之后，有大把的休闲时间，而休闲得越久，就越想找事情做，并且老年生活是平淡的，所以打心底想做一件令自己的生活变得丰富多彩的事，而实现自己的梦想成了最好的选择。

梦想虽然很美好，但也很残酷，因为绝大多数的梦想都是需要金钱去支撑的。没有钱，实现梦想的路会寸步难行。所以，每个人都应该明白，金钱是实现梦想的基础和前提。不管你有多么远大的理想，多么崇高的追求，如果没有物质基础，那么这些理想和追求永远只能存在你的想象之中，是不可能成为现实的。为了以后自己的梦想能够实现，年轻的时候，我们一定要积累足够多的财富。

那么，如何才能积累到足够多的能实现自己梦想的财富呢？

窍门一：提高工作能力

年轻时不努力赚钱，老了以后，想要赚钱就会力不从心。所以，年轻的时候，我们一定要努力赚钱。这里的赚钱，一个是通过工作实现财富的增长；一个是通过对积累的钱进行投资、理财、创业等，来实现财富的二次增长。

在工作方面，我们要努力提高自己的工作能力，让自己的价值最大化，赚取更多的酬劳。在工作之余，我们也要学习相关的金融知识，以求在投资、理财时将风险降到最低，同时也要寻找创业的好时机，赚取更多的钱。

窍门二：养成存钱意识

很多人赚到的钱并不少，但是每个月都会花得精光，甚至还会透支信用卡，成为“卡奴”。其中原因，就是有不好的消费习惯。我们需要知道，赚得再多，但架不住花钱如流水。只有学会了存钱，才能称得上真正意义上的赚钱。如何存钱呢？首先要建立好的消费习惯，其次要养成存钱意识。

世界这么大，有很多地方值得去看，人生只有一世，有很多梦想值得去实现。为了不让自己的梦想距离自己太远，此刻起，我们一定要努力赚钱与存钱。

第二章　理财意识，从此开始

——别说自己工资少，只要财商不欠费就好

很多人抱怨自己没有钱，并将原因归结于自己的工资少。然而，和你拿着相同工资的人，为何他们的钱包却是鼓鼓的？为何他们从不为没钱而烦恼？这是因为别人对钱有意识，懂得钱生钱之道。所以，别再说自己的工资少了，要懂得为自己的财商充费。

靠存工资致富，基本没有出路

不管在哪个国家，都存在贫富差距。有钱人为什么那么有钱？他们可能在炒股，可能在做生意，可能在做投资，让钱能生钱。致富的方法有很多，但绝不包括靠工资致富。但凡指望着工资致富的人，基本都没有出路。

因为，工资是固定的，哪怕随着经济的发展而有所上调，也不会有翻天覆地的变化。所以，当你进入一家企业，尤其是进入了事业单位或成为一名公务员，那么一生的财富是能大致计算出来的。

乍一计算，你可能发现自己一生收获的财富值还不错，但是，我们还需要考虑日常生活开销、生病就医、买房买车、孩子的教育投资等问题。所以，细细算下来，靠工资积累的财富并没有多少。因此，想要自己变得富有，就绝对不要有“靠工资致富”的念头，因为现实会给予你当头一棒。

赵小阮出生在偏僻贫穷的山村，因为努力好学，她考取了一所不错的大学，毕业后，被北京的一家大企业录用，大企业给她开出了丰厚的报酬。

赵小阮对目前的工资非常满意，她觉得，自己再工作几年，一定能存到一大笔钱。所以，每个月工资到账后，她都会存入银行。也因为存钱，她在吃用上都非常节俭。几年下来，她也确实存到了一笔钱。

一天，公司的同事李甜宣布了一个消息，她告诉大家，她在北京按揭买下了一套房。这个消息对赵小阮的冲击力特别大。因为，北京的房价寸金寸土，更一度有着“想要在北京买套房，要掏空几代人的家底”的调侃之说，所以，哪怕是按揭买的房，首付也要一大笔钱。而李甜的工资和她的差不多，她不像李甜那样花钱大手大脚，但如今存的钱也不够付首付的。

赵小阮恭喜李甜后，就问她怎么会有钱付首付？是不是向家里寻求支援了？

李甜笑着说：“我家的条件一般，家里有好几个兄弟，父母哪能支援我？我在北京买房的钱，全是我自己赚来的。”

“我不信。我俩的工资一样，你花钱又比我多，怎么存的钱比我的还多？”赵小阮一点也不相信。

李甜神秘一笑：“傻妞儿，靠工资是永远都不能发家致富的。我能有钱买房，是因为找到了致富的新路子。”

原来，李甜对炒股一直颇有研究，在她进入公司工作拿到第一笔工资时，就在股市里小试牛刀。第一次炒股，就让李甜尝到了甜头，将投入翻了一倍。此后的几年，李甜的胆子越来越大，投入的钱也越来越多。虽然有亏损的时候，但绝大多数时候李甜都赚了。也因此，她才能花钱大手大脚，且买下一套属于自己的房子。

想要依靠工资来致富，那简直就是痴人说梦。尤其是，当某个地方急需用钱时，那么攒了多年的钱，一朝就会消失无踪。

我们都知道，将一头牛拴在一棵树上，它吃到的青草只有以绳的长度围绕树绕一圈的面积，但如果将牛散养，那么它能吃的草的面积会很可观。同样地，我们领取到的工资是有限的，唯有将钱投出去，让钱生钱，才能实现发家致富的美梦。

钱就跟雪山上的雪球一样，匀速下雪确实会令雪球变大，但却大不到一定的程度。倘若让雪球从山顶滚落下去，那么它就会越滚越大。所以，当我们手上有了钱时，不要想着一分分存起来，因为随着物价的上涨，钱看似因利率而增多，但事实上，它在贬值。对此，我们可以对比一下十年二十年前一块钱的购买能力，和当下一块钱的购买能力。

当然，我们也不能小看自己的工资，虽然单纯积累工资不能发家致富，但工资利用得好，是能发家致富的。所以，工资是我们发家致富的原始基金。

那么，怎样才能利用工资来发家致富呢？

窍门一：工作之余做副业

在我们的身边，也有很多人靠着自己的能力买房、买车，这其中绝大多数人是有副业的。

做什么副业最能赚钱呢？譬如创业。创业致富是存在风险的，创业成功会赚得钵满盆满，创业失败，就会血本无归。但俗话说得好，富贵险中求，所有的发家致富都是存在一定风险的。

窍门二：瞄准时机做投资

投资是广泛的理财方式之一，也是最好的发家致富的渠道。当然，它也有缺点，就是存在巨大的风险，一旦投资失利，就会亏损。譬如前几年投资买房，后来房价上升了很多，将投资的房产转手出去，就会赚上一大笔钱。

当然，可投资的项目有很多，并不单单是投资房产，也可以投资正在发展但缺少资金的公司，投资研发的项目，等等。需要注意的是，在投资前，一定要谨慎，要细细研究投资的项目。当发现好的项目时，也一定要抓准时机。

窍门三：可以炒股试身手

炒股，对精通金融、了解股市的人来说，有很大的概率能赚到钱，但对不懂得金融、不了解股市的人来说，炒股就是一场赌博，即运气好能赚到钱，运气不好就会亏。所以，这样的致富法，只适合对金融、股市非常了解的人。

不管采用何种方法，钱不动，绝不可能致富。当然，除非你有逆天的好运买彩票中大奖。否则，将你的工资动起来吧！

有钱又有闲，其实并不难

“笑笑，咱们计算机系年前有个聚会，地点在三亚，你能来参加吗？”某个周末，肖笑的大学班长打来电话。

肖笑接到电话，听到聚会这个消息时是感到很意外的，因为毕业近十年了，他们大学同学一直没有聚过会，有很多同学，他都不知道发展得怎么样了。只是，他不解的是，为什么要将聚会的地点定在三亚？

当他问出这个疑惑时，大学班长回答说：“咱们一年忙到头，肯定都没怎么好好放松过。正好不是快过年了吗，去三亚聚个会，顺便放松一下。”

肖笑计算了下，去三亚需要一天，聚会加游玩大概需要两三天，回来也要耽搁一天。前前后后，需要四五天。他问了具体的聚会时间，班长说了日期后，他查看了一下日历，排除周末的两天假期，他至少要请三天假。

当班长催促肖笑回复能不能来时，肖笑很为难地说，他去不了。最后，肖笑还调侃自己："以前上学的时候，想去哪儿玩，就去哪儿玩，现在工作了，自己能赚钱了，却这儿也去不了，那儿也去不了。"

然而，肖笑调侃自己的话，真的经得起推敲吗？答案显然是否定的。

对绝大多数的工薪阶层来说，钱和时间就像是一对死敌，有钱的时候，没有时间；有时间的时候，没有钱。然而，钱和时间真的不能兼容吗？当然不是。因为，当你足够有钱时，才不会在时间上挣扎，而没有足够的钱时，才会考虑时间的问题。

譬如肖笑，参加聚会，他是可以请假的，但是请假意味着那个月将没有全勤奖，请假的几天也会损失工资。说到底，正是因为对钱的不舍，才令他不敢去潇洒地玩。相反，当他有了足够的钱，那么他还会在请假这件事上犹豫吗？肯定不会。

因此，当你觉得自己有钱没时间，有时间没钱时，都只说明一个问题，就是你没有足够的钱。当你有了足够的钱时，就不会为请假扣薪水而发愁。所以，钱和闲，从来都不是一道二者择其一的选择题。解决了钱的问题，才能得到足够的闲。

有钱又有闲，其实并不难。那么，怎样才能做到有钱又有闲呢？有这样一些小窍门。

窍门一：提高综合素质

留心观察你就会发现，有才能的人会受到格外的优待，在获得高额收入的同时，才能合理安排自己的闲。因为，有才能的人握有主动权。相反，一个能力不足的人，既享受不到好的待遇，也惶恐自己主动求闲而被淘汰。可见，这是一个看能力的社会。所以，想要有钱有闲，就必须提升自我能力，成为被他人需要、被这个社会需要的人才。

窍门二：懂得让钱生钱

不可否认，有些人靠工资，确实能做到有钱有闲，但这些人毕竟是凤毛麟角的。绝大多数人，是不能靠工资发家致富的。所以，想要有钱有闲，一定要懂得钱生钱的道理。比如，首先存 3 ～ 6 个月生活费作为应急准备金，买份保险应对疾病和意外，剩余大部分资金就可以购买理财、国债了。

窍门三：养成良好的消费习惯

有些女性很会赚钱，也很有空闲，但就是不能做到既有钱又有闲，其中原因，莫过于太会花钱。每当自己的钱包鼓起来时，她们就忍不住买买买，而买的东西，有很多不是自己不需要的，就是不适合自己的，全凭冲动、喜好来消费，没有一点理性可言。

所以，当你想要出去游玩，放松自己时，一定谨记不要乱花钱，养成良好的消费习惯。

人理想的生活是，随心所欲过自己想要的生活。这样的生活并不难实现，只要有钱就能做到。有了足够多的钱，我们才能海阔凭鱼跃，天高任鸟飞。

你不理财，财不理你

曾经有人问大智者苏格拉底怎样才能获得财富。苏格拉底没有直接回答这个问题，而是将人带到了一条小河边，之后他粗鲁地将对方的头按进了水里。出于本能，对方拼命地挣扎。然而，苏格拉底没有松手，直到对方使出了吃奶的力气，才挣脱出来。

对方十分生气，他质问苏格拉底是不是想杀了他。苏格拉底答非所问，他笑着问对方刚才在水里时最需要的是什么。对方平静下来后，回答说最需要的是空气。这个时候，苏格拉底才说出了获得财富的答案——如果你需要财富的念头比刚才在水里需要空气的念头还要强烈的话，那么你一定会成为一个非常富有的人。

大智者的话透露了一个信息，就是你若想成为一个富有的人，你就需要关心理财这件事。因为，一个人只有有了理财的念头，才会去付诸行动和努力，继而将理财梦变成现实。相反，一个人若没有想发财的念头，那么就不会去行动，这一生也将与发财无缘。举一个最简单的例子，如果你想买彩票中大奖，那么得先有买彩票中大奖的念头才行。所以，想要成为一名财女，就必须先对理财有想法、有追求。

李小优是个活力四射的姑娘，刚入职场一年。最初的时候，大家对她的印象特别好，认为她勤奋又能干，然而相处得越久，大家对她改变了看法，认为她是一个特别俗气的人。这是什么原因呢？

原来呀，李小优对钱特别感兴趣。每每同事们聊到钱的话题，她就会说个不停，并且将“我要成为有钱人”这句话毫不掩饰地挂在嘴边。

譬如这一天，一个女同事结婚了，丈夫是工薪阶层。大家调侃她，说她以后发不了财了。对此，女同事不以为意，她笑着说：“我是个没有远大理想的人，我不敢奢求大富大贵，只求生活小康就行。”

对于她的话，好几个同事都附和：

“一个人的富贵是天注定的，哪能你想发财就一定能发财呢！”

“是呀，什么梦都能做，就是发财梦不能做。一旦对金钱执迷不悟，就会在泥潭里越陷越深。”

…………

对于大家的观点，李小优是不赞同的。她说：“怎么不能做发财梦了？我天天都梦想着自己能发财，而且女人的第六感告诉我，我以后一定会成为大财女。”

大家见李小优毫不掩饰对金钱的渴望，便觉得她很拜金，也因此而疏远了她。当然，他们也将她的发财梦当作了笑话，因为谁都知道，指望那点儿工资是发不了财的。可是，忽然有一天，李小优递交了辞呈，理由是要发展自己的事业。

也是在那一刻，大家忽然发现，以前打扮土气的李小优，不知从什么时候起，打扮得时尚起来，而她穿的衣服、背的包包也都价值不菲。这时，大家达成了一个共识，那就是李小优真的发财了。

是的。李小优一边在公司上班，一边发展自己的副业。她的家人是果农，以往都是将水果低价批发给他人，赚到的钱很少，但随着网络的发展，她瞄准了时机，在某购物 App 上开了一家水果店，向顾客们直销水果。因为水果天然、味道好，销售异常火爆，就这样，她成为一位名副其实的小富婆。

有位著名的商人说:“你和财富仅仅只有一步之遥。”这一步，其实就是你对钱的追求。因为有追求，所以才会去执行。在追求自己的发财梦时，切记不要碰到这样一些雷区。

雷区一：不要光想而不行动

很多人都会做发财梦，也对金钱有执着的追求，然而，这其中能成为有钱人的却不多。这是因为，很多人都停留在了光想而不行动上。这就好比纸上的蓝图，你不去实施、建设，那么它将永远停留在纸上，只有付诸行动，投入建设，才会成功。

思想上的巨人，行动上的矮子，结局注定是失败。因此，我们在“财迷心窍”时，一定要行动起来，既要成为思想上的巨人，也要成为行动上的巨人。

雷区二：发财梦太过不切实际

一个贫穷的人说要成为世界首富，相信这样的美梦有很多人都在做，但真正能做到的人，始终只有 1 个。人可以有梦想，但是梦想一定要切合实际，倘若将梦想设定得太过遥远，那么梦想将遥遥无期。

因此，在做发财梦时，一定要基于实际。比如，我们在给自己确定一个财富目标时，要基于自己实际的财富、能力，确定一个不难实现的目标，当目标实现了，再来制定另外一个再远一点的目标。就这样循序渐进，财富才会越来越多，而我们对财富追求的步伐，也将永不停歇，铿锵有力。

雷区三：不为自己的财富目标制订计划

人要做好一件事，必须有计划，而一旦缺少了计划，就会像无头苍蝇一般四处乱撞。不可否认，没准我们会撞成功，但我们也要清楚，在乱撞的过程中我们将遭遇更多的挫折，耗费更多的时间与精力。当我们有发财的想法后，一定要为确定的财富目标制订计划，按照计划一步一个脚印去执行，才有可能成为财女。

俗话说“君子爱财，取之有道”，我们会有发财的想法，这并没有错，只要获得财富的渠道光明坦荡就行。所以，快点“财迷心窍”起来吧！

为工资制订一个理财计划吧

有人的地方，就不缺话题。这一日，张萌来到单位后，就听见几个同事在谈“家里的财政大权谁掌管”的话题。

同事 A 说：“从我和男朋友谈恋爱起，他的工资就交给我管了。”

同事 B 说：“我和我老婆结婚后，她把工资交给我管的。”

同事 C 说：“我管过一段时间老公和我的工资，后来觉得太费神，就让我老公管了。”

接着，话题切换到了“你管理家里的财政大权后，财富有无增长”这个话题上。

同事 A 说：“从恋爱到现在，我们已经在一起好多年了。我们不仅没有存到钱，还要依靠信用卡度日。”

同事B说："我和我老婆虽然没有沦落到依靠信用卡度日，但也差不了多少了，我们现在是'月光族'。"

同事C说："我管家里钱的那会儿，我们每个月的开销很大，存不到什么钱。但是，当我将钱交由我老公管后，我们一年下来，居然赚到一大笔钱。"

就在几个同事纳闷自己为什么存不到钱时，张萌突然出声。她笑着说："你们的财富在你们的手里没能增长，是因为你们不懂得为家庭的收入理财。"

这是个雇用与被雇用的社会，绝大多数人充当的是被雇用的角色，而雇用的人会给被雇用的人发工资。有了工资，才能很好地生活。但是，由于不理性消费的习惯，很多人不懂家庭理财在每个月发工资的那几天日子过得滋润，但之后的每一天，都得勒紧裤腰过日子。甚至，在急需用钱的时候，他们拿不出一分钱。这样的生活，又谈何为好的生活呢？

虽然，我们的工资是有限的，但是如果给自己的财商充好费，那么我们也能成为一个不为钱而发愁的人。所以，不管你的工资有多少，一定要为这些钱制订一个理财计划。对此，有这样一些小窍门。

窍门一：保持理性消费，科学分配资金

一个人能否聚得了钱，与消费方式有关。若你的消费是趋于理性的，那么你每年都会存下一大笔钱。所以，我们一定要保持理性的消费观念，科学地分配资金。

对此，我们可以养成记账的好习惯，一段时间后，我们便会清楚地发现哪些消费是必要的，哪些消费是不必要的。其中，不必要的消费就属于不理性消费。有了前车之鉴后，我们就可以避免那些不理性的消费，实现财富的增长。要知道，节省下来的钱甚至比投资理财获得的利益还要高。正如绝大多数理财师认为的，想要实现财富的积累，首先就要克制冲动的消费。

窍门二：选择风险较低的理财方式

当你积累到足够多的财富时，那么你已经做到了理性消费。这个时候，如果将这些钱存入银行，利息是很低的。你可以选择投资一些理财产品。

需要注意的是，如果你对金融不甚了解，那么就不能盲目地随大流去购买，尤其是将鸡蛋放在一个篮子里，因为一旦投资失败，你就会血本无归。所以，我们可以选择投资风险较低的理财产品，而这也能完成财富的增值。

窍门三：投资自己的晚年生活

为了能够让老年的自己活得更好，我们可以抽出一部分钱为自己购买第二份养老金，当然，也可以为自己购置更无后顾之忧的医疗保险。这样也实现了财富的增长。

虽然说工资是死的，但只要我们能制订一个合理的理财计划，让工资活起来，那我们就能实现财富的增长。

从“负翁”到“富翁”，只需转变观念

过去，人们的消费观念是这样的：每一分钱都要花到对的事情上，并且是赚得多就多花点，赚得少就少花点。但是现在，随着经济的发展，人的消费观念也在逐渐改变，即趋向于以自我享受为主的消费观，也因此出现越来越多的不理性消费方式，导致不少人成为“负翁”。

“负翁”里有两种典型的成员，一种是“月光族”，一种是“卡奴”。

所谓的“月光族”，是指必定会将每个月发的工资花光，没有一点结余的人。而“卡奴”的消费比“月光族”更严重，即不仅将每个月的工资花光，还会透支信用卡来消费。所以，无论“月光族”还是“卡奴”，每个月都会经历一次从潇洒到落魄

的转变。而在你落魄的时候，机遇很有可能与你失之交臂。

李安安今年二十二岁，刚参加工作没多久。他是个喜欢享受的人，每个月的工资都被用来聚餐、娱乐了。所以，他是个典型的“月光族”，每个月总有那么些天过得拮据。

与李安安不同的是，同事赵小娜是个对钱很有规划意识的人。她不仅不乱花钱，还会把每个月发的工资进行理财，所以，现在也算小有积蓄。对于李安安打趣她不懂得享受的话，她也一笑而过，因为在她看来，李安安的享受根本就是乱花钱。

某一次，公司委派李安安和赵小娜去参加一场酒会。两人非常清楚，在酒会上能认识很多人，这些人可能是未来的客户，可能是人脉，这对他们未来在职场上的发展很有帮助。但令人费解的是，赵小娜对这场酒会很期待，而李安安则显得有些愁眉不展。原来，李安安是在为酒会穿的西服而苦恼。

每个职场人都深知在什么场合就穿什么衣服的道理，因为，只有穿对了衣服，才能留给他人好印象。所以，想要在酒会上获得他人的好感，男士就少不了穿一件西服。而一件好的西服，价格都不便宜，这令身为“月光族”的李安安非常头疼。

后来，李安安还是透支了信用卡才买了一件一般的西服。所以在酒会的那一天，他看上去很平庸，没有一点引人注目的地方。也因此，他有些自卑，不敢主动介绍自己，结识到的人屈指可数。

赵小娜则不同，她知道，礼服代表了一个人的品位。她左挑右选，终于找到了一条特别适合自己的礼服，哪怕这件礼服不便宜，她也咬牙买了下来。为了让自己看上去更美丽，她还特地找了专业的化妆师为自己画了一个美丽的妆容。所以，在酒会那天，她异常光彩夺目，认识了很多人。

再后来，赵小娜通过在酒会上认识的人，签订了很多大单，一点点升了职，而李安安因为业务能力不行，在职场上始终没有激起水花。

钱到用时，才知道它的重要性。钱到用时，才意识到自己的消费观有多么不理智。

花钱是必然，但是，钱应该用在刀刃上。只有将钱用在了对的地方，才能发挥它应有的价值。从“负翁”到“富翁”，其实也很简单，只需要转变一下观念。那么，要转变哪些观念呢？

观念一：建立对“钱”的意识

在现实生活中，像李安安这样的“月光族”和“卡奴”并不少，他们之所以成为“月光族”或“卡奴”，除了有不理智的消费观外，其实还有一个重要的原因，就是电子货币的产生。

过去，人们不管是发工资，还是消费，都会使用纸币，也正因此，对“钱”很有感触，譬如看见钱少了，会反思自己的消费行为，看见自己存的钱越多，就会越自豪。但是现在，随着货币的电子化，人们对“钱”的存在感感知越来越弱，花钱时不再感受到钱的来之不易，也不会感受到自己的肆意消费是一种错误的行为，唯有在还信用卡时，才会想到自己消费过度了。所以，我们一定要建立起对“钱”的意识，改变刷卡消费的方式。

观念二：转变不理智的消费观

每个人都需要消费，有些人消费后，每个月的工资还有大笔的结余，而有些人消费后，每个月负债累累，其实，这就是消费观的不同造成的。前者的消费观念是理智的，而后者的消费观是不理智的，全凭冲动和喜好在消费，从不去思考、顾虑其他。

所以，当你的消费观不理智时，一定要将其转变为理性的消费观，懂得控制自己的消费欲望。唯有这样，你才能成为一个有积蓄的人，才能在急需用钱时，不为没钱而烦恼。

观念三：转变不理财的观念

很多人的消费观很理智，每个月都能存下一大笔钱。他们虽然没有成为“负翁”，但距离成为“富翁”，还有很大差距，其中原因，就是不懂得理财。仔细观察，你会发现有些人和你拿一样的工资，消费和你一样理智，但对方的财富就是比你多，这其实就是理财与不理财的区别。

理财的目的是什么？是为了钱能生钱。而将钱放在银行卡里，不仅不能做到钱生钱，有时候还需要给银行付钱。所以，想要成为“富翁”，一定要多多关注理财。

分阶理财，根据你的年龄请对号入座

“国庆小长假有一项工作，就是去上海分公司出差，因为正值假期，相应的报酬会很可观，你们有谁愿意去？”

领导走进办公区宣布这一消息，他的话刚说完，原本还有些声音的办公室，立刻鸦雀无声。很显然，大家都不愿意去。

因为，这是一家大企业，平时工作强度就很高，大家都盼着国庆长假能好好休息一下，哪里会想不开要去出差。哪怕这次出差的报酬会很高，也没有人愿意去。就在大家忐忑着领导点名让谁去时，向来抗拒出差的李小样突然举手，说他愿意去。

领导一走，同事们围住了李小样。

“小样，你以前不是不喜欢出差吗？这次怎么突然主动要去？”

“是呀，小样，国庆假期你不陪陪孩子吗？”

李小样听同事们七嘴八舌地说着，他叹了一口气，无奈说：“我也想休息，想陪孩子，可谁让我最近炒股失败，亏了一大笔钱，我连孩子的兴趣班学费都快付不起了！”

同事们都知道李小样有买股票的行为，他们听后，劝慰说：“炒股本来就是高风险的理财方式，根本就不适合你这种有家庭有孩子的人。你这个年纪，理财应该求稳。”

随着经济水平的发展，除去日常的基本开销，一个月下来，很多人的工资都会结余一笔钱。对于这笔钱，有些人会选择存入银行，有些人会选择投资买房，有些人会选择炒股，等等。这些都是常见的理财方式，但不同的是，有的人理财理得财源滚滚，而有的人理财理得血本无归，尤其是对有家庭有孩子的人来说，失败的理财会给生活带来许多负面影响。

懂得去理财，这是件好事，但是，我们更要懂得选择适合自己的理财方式，具体点说，就是懂得分阶理财，即在不同的年龄段选择不同的理财方式。只有这样，财富才能聚少成多，生活质量也会越来越好。

那么，如何分阶理财呢？

三十岁：以家庭为主，理财求稳定

在理财上有一个特点，就是风险越高的理财方式，获得的利益就越高，而风险越低的理财方式，获得的利益就越低。对二十多岁的年轻人来说，可以选择风险高的理财方式，因为就算失败了，只会对个人产生影响。但对三十岁的人来说，就不要选择高风险的理财方式了。

因为，绝大多数三十岁的人，已经有了家庭，有了孩子，因此每个月都需要有固定的开销，譬如购买日常生活用品、孩子教育上的投资，等等。而一旦理财失败，就会对家庭造成影响。所以，三十岁的理财方式，要以稳定为主，要围绕家庭来展开。

对此，我们可以为孩子购买教育基金，可以为孩子购买保险，如果有多余的钱，还可以购买低风险的理财产品，等等。

四十岁：多样性理财，保障好生活

可以说，四十岁是一个完成了财富积累的年龄段。因为，这个年纪的人大多工作了许多年，手上有不少的资金，也因此，四十岁是投资理财的主力军。

如果鸡蛋都在同一个篮子里，一旦篮子落地，就会有许多鸡蛋被摔碎。因此，处在这个年龄段的人需要注意的是，在理财时，钱不能投进同一个篮子里，因为一旦出现风险，多年积蓄就会赔得血本无归。综上，四十岁这个年龄段的理财特点是，要多样性地去理财，要以保障好自己的生活为主。

对此，我们可以购买各种理财产品，而对于这些产品的风险，可以有高有低；要积累好孩子的教育资金，储蓄教育基金；还可以为退休在家的老人购买第二份养老金；等等。

五十岁：增加理财的金额，筹备晚年生活

这个年纪，可以说是我们达到财富积累的最高值的年纪。对这个年纪的人来说，孩子已经长大成人，投入了职场。虽然花钱的地方少了很多，但这个年纪的人也要以低风险的理财方式为主，因为，一来要考虑自己的晚年生活；二来也要考虑到赞助孩子的创业、结婚。

随着生活水平的提高，往往我们的退休金保证不了我们退休后的生活水平，所以，当有一笔闲钱时，不妨为自己购置第二份养老金，让自己的晚年生活更有保证，更有质量。此外，因为积累的财富较多，我们可以选择购买不同种类的低风险或零风险的基金、国债、理财产品等来让财富缓慢增长。

六十岁：以保本为主，懂得享受生活

这个年纪，是一个享受的年纪。人这一生大半辈子都在努力工作，不正是为了让晚年的生活自由、惬意！此外，六十岁后，人们追求金钱的观念会淡薄起来，会建立“钱够花就行”的价值观。所以，这个年龄段的理财方式，以保本为主，要为自己的身体健康做投资。

因此，在这个年龄段，你需要为自己购买一份医疗保险，可以购买低风险的理财产品，或者将钱存入银行，等等。

一个人在做一件事情时，需要量力而行，在理财上，也要分阶理财，在不同的年龄段选择不同的理财方式。

第三章　省与存，第一桶金

——如果能够管住钱包，你就足以聚沙成塔

有的人很会赚钱，但依然是“月光族”“卡奴”中的成员。这是因为，赚得多经不住自己花得更多。你需要明白，存下来的钱才能称得上是赚到的钱。所以，要懂得管住自己不停消费的手，学会省与存，这样才能聚沙成塔。

那些傻傻丢掉的钱，你不心疼吗

虽然说，钱不是万能的，但是没了钱，却是万万不能的。因为，走到哪儿，都需要用钱，用钱购买需要的东西，生活才能得到保障，精神才能得到满足。

但是，很多时候，人们在金钱上都是捉襟见肘的，不自知地成为“月光大军”中的一员。其实，回过头想一想，你会发现自己的很多消费都是盲目的，有很多钱都是傻傻丢掉的。对于这些用汗水换回来的钱，你当真就不心疼吗？

夏安安和赵楠是一同进公司的。几年下来，夏安安已经有了一些积蓄，打算不久后为自己购买一辆代步车，反观赵楠，依旧穷得响叮当。

赵楠得知夏安安要买辆车时，心里特别羡慕。她郁闷地对夏安安说："安安，我俩工资都一样，为什么几年下来，你能存那么多钱，而我一分钱都没有存到？你实话告诉我，你私下是不是有兼职呀？"

夏安安听后，笑着回答："哪有什么兼职？我只不过比你会省钱。"

对此，赵楠是不服气的，因为夏安安和她一样，每个季度会买好看的衣服，会为自己购置化妆品、护肤品，周末的时候，还会去娱乐消费，怎么就比自己会省钱了？

夏安安笑着说："我知道你心里的疑惑，我来举一个我比你省钱的例子。就拿口红来说，你会买，我也会买，但不同的是，我只会买一些适合我的色号，并且我都是等这些色号的口红用完了，再去购买。你不一样，你看到喜欢的口红，不管色号，不管是否适合自己，都会买回来。你得明白，口红的保质期只有三年，三年一过去，那些你没有用完，甚至没有开封的口红，多数就丢掉了。所以，我的钱就是这么省出来的，你的钱就是那么傻傻丢掉的。"

赵楠听夏安安这么解释，发现还真是如此。事实上，不只口红，像一些护肤品、化妆品，她都有囤货的习惯，尤其是在出国旅游时，在免税店里她会大量地购买。但这些她在保质期内是用不完的，最后不得不扔掉。买衣服时也是如此，她看到喜欢的都会买回来，然而一个季节就那么几十天，好多衣服穿上一两次就穿不了了，来年的时候，她又会嫌弃这些穿了一两次的衣服太过时，便不想再穿，虽然这些衣服没有丢掉，但全都压箱底了，这么看来，也与丢掉无异了。如此看来，还真如夏安安所说，她的钱都是傻傻丢掉的。

不可否认，挣钱的目的是消费，但是，我们需要明白，消费并不能盲目。当你发现自己购买的东西有很多用不到，或是使用数次后就丢掉、压箱底，那么可以说，你的钱都被傻傻丢掉了。这样的话，你会不会感到心疼呢？肯定会感到心疼的，因为谁的钱都不是大风刮来的。当然，如果你感觉不到心疼，不妨回忆一下自己无数次加班到深夜的经历，自己无数次承受的来自工作压力上的折磨，那么就会感到心疼了。

拿着相同的薪酬，过着大差不差的生活，别人能将腰包存得鼓鼓的，而你的腰包却是瘪的，无疑是你还不懂得如何省钱。那么，如何防止自己的钱被傻傻丢掉呢？

窍门一：培养自己的记账习惯

仔细观察我们会发现，有记账习惯的人，都是懂得存钱的人，而不懂得记账的人，在花钱上，时常会稀里糊涂。所以，当你存不到钱，又发现不知道从哪儿省钱时，可以尝试记一记账，当你的账单出来后，就知道哪些钱不应该花，将这些不应该花的钱省下来，就能存到一笔钱了。

所谓的记账，不是说，不记小账，只记大账，因为很多时候，正是那些不起眼的小账，才是我们傻傻丢掉的钱。所以，我们的记账，是要记录自己的一切财务活动，连几块钱的花费都要记在账上。等一个月之后，你就会发现自己的钱到底去向了何方。

根据账单，我们可以圈出那些不理性的消费。什么是不理性的消费呢？就是购置使用频率低的东西，譬如只穿一两次的衣服，只使用数次的美容卡、健身卡，等等。将这些不理性的消费全都移除自己的账单后，你就能成为存钱小能手了。

窍门二：养成良好的消费习惯

一个人的消费习惯，决定着他是否能省下钱，存到钱。通常来说，有着良好的消费习惯的人，会存到每一分该存的钱，而有着不良消费习惯的人，省钱存钱都是随缘。所以，我们要想省下钱、存到钱，就要关注自己的消费习惯，并养成一个良好的消费习惯。

如何养成好的消费习惯呢？这里有两个原则，一个是不买贵的，只买对的；另一个是不买自己不需要的，只买自己需要的。因此，购买一个东西时，我们需要考虑这个东西是不是自己必须买的，它的价格是不是自己能够承受的。但凡这两个原则有一个达不到，就要考虑停手，否则就是傻傻丢钱。

会省钱、会存钱的人都是理性消费者，而不会省钱、不会存钱的人，钱都是在不理性中花掉的。所以，要保持理智，做一名理性消费者。

窍门三：选择适合自己的理财方式

随着经济的发展，越来越多的人不满足于将钱存入银行，因为银行的收益要比一些理财产品、炒股等理财方式带来的收益低得多。所以，很多人当手上有点积蓄时，会投资理财产品，或者炒股。然而，收益越高，风险就越大，稍不留神，就会赔得血本无归。而这些赔掉的钱，也可以说是傻傻丢掉的钱。

当你手上有闲钱时，你可以去理财，以此来钱生钱。但理财的方案一定要规划好，选择合适的理财方式。如此，你才能积累自己的财富。

省钱和买买买，可以合二为一的

“同志们，这个周五，我请大家吃饭，听说公司旁边新开的餐厅口碑很不错。”

周一的早晨，赵颖来到单位后，开心地对办公室里的每一位同事发出了真挚的邀请。她的邀请让大家都很惊讶，因为共事几年了，大家都知道，她的家庭条件并不太好。

有几个同事打趣赵颖：“颖儿，你是不是中彩票了？不然好端端的怎么请大家伙儿吃饭？”

“你是不是有什么困难的地方？就算不请客吃饭，大家能帮你的都会帮！”

看着同事们诧异的眼神，赵颖感到好笑，接着她说出了自己请客吃饭的原因。赵颖笑着说：“我来上海好几年了，大家都知道，我一直在租房。不过今后，我不用再租房了，因为上周末，我买下了一间单身公寓。为了庆祝我以后居有定所，我才请大家吃饭的。”

赵颖的话令大家目瞪口呆，尤其是很多买不起房的同事，受到的冲击更大。

“颖儿，上海的房价那么贵，就算是单身公寓的首付，也需要一大笔钱。你才工作了几年，怎么就买得起单身公寓了？”同事小梁忍不住问。

小梁和赵颖是老乡，家庭经济条件也不好，这些年也一直在租房。而且，他比赵颖早几年进公司，但算算自己的积蓄，也拿不出单身公寓的首付款。

赵颖笑着，认真地回答小梁和一众同事:“因为我会存钱啊！我恨不得一分钱当两分钱用。”

赵颖的话，令小梁沉默了，而其他同事也不约而同地露出恍然大悟的神情。因为，大家回忆起赵颖的消费习惯，虽然她也会买，但是她更会省。譬如前不久，赵颖在一家商场看中了一件半身裙，当时，这件半身裙与她的上衣特别搭，她穿上特别好看。但因为价格过高，她并没有买。她走了很多家平价商铺，找到了一条质量不错、款式与商场差不多且更便宜的半身裙。

所以，赵颖的钱就是这么一点点省下来、存下来的。

但凡在这个社会上生存，少不了要去消费。但是，在生活质量相差不大的情况下，有些人能存下一大笔钱，有些人却入不敷出。其中原因，与各人的消费习惯有关。前者的消费习惯，是将省钱与买合二为一，而后者的消费习惯，更关注的只是“买买买”。

好比赵颖的那条裙子，她其实很需要那条裙子，但是这条裙子的价格超出了她的预算。在这样的情况下，她选择了购买替代品，这个过程，其实就是省钱与买合二为一的过程。相反，如果她不考虑价格，那么就是纯粹的“买买买”了。

每个人都需要明白，省钱是一个财富积累的过程，一次两次、一天两天的省钱，省不下多少钱，积累不了多少财富，但是随着省钱的次数越多，时间越长，你就会发现这是一笔非常可观的财富。那如何做到省钱与买合二为一呢？

窍门一：掌握砍价技能，懂得讨价还价

很多时候，当我们与他人购买了一模一样的东西，说出彼此购买的价格时，会发现一个高、一个低。当差价不多时，心理尚算平衡，一旦差价过高，我们就会心理不平衡了。事实上，会有

如此之大的差价，原因在于我们是否砍了价，是否讨价还价了。

每一件商品，都有一个最低价，也就是底价。在砍价时，我们需要估算一个底价，只要价格不低于底价，那么就有商量的余地。一番讨价还价后，我们就可能以低价将商品买到手，回过头再看看原价，就会发现自己既买到了商品，又省到了钱。

因此，我们在购买东西时，不要觉得不好意思，也不要觉得砍价、讨价还价的行为很丢人，要知道如果每一件东西都能砍下一点价，那么省下的会是一大笔钱。

窍门二：当省钱与购买起冲突时，懂得找寻替代品

很多人都有过这样的经历，就是看中一样东西，但价格太贵。在这样的情况下，如果选择继续购买，那么就会花一大笔钱，而不购买的话，又会令自己念念不忘。如此，为什么不选择寻找你看中的那件东西的替代品呢？

所谓的替代品，不管在使用上、外观上，都与你看中的原品相似，但不同的是，替代品的价格要比原品便宜很多。所以，当你选择购买替代品时，就意味着可以省下一笔钱。

比尔·盖茨是众所周知的大富豪，有一次，这位富豪去一家饭店办事，因为去得有些晚，停车场上已经没有了免费的停车位，

只有以分钟为单位收费的贵宾停车位。比尔·盖茨计算了一下停车时间，发现要花上一大笔钱，这令他无法接受。于是，他将车开远了一些，找到了一个收费很低的停车位，省下了一笔钱。

比尔·盖茨不缺钱，这么有钱的他都懂得将“省钱”和“买”合二为一，作为普通人的我们，还有什么理由去疯狂消费？

窍门三：树立正确的消费观，理性消费

不少人都有这样一个习惯：看中一样东西时，想也不想就会买下，然而买下后又会发现，自己压根用不上。其实，这就是典型的不理性消费。

我们在买一样东西时，不能全凭自己的喜好买，那样的话，这个要买，那个也要买，还怎么省钱存钱呢？所以，消费一定要理性，对要买的东西，我们一定要思考这样一个问题：这个东西，我真的需要吗？如果需要，可以购买，但如果不需要，那么就悬崖勒马。我们只有树立了正确的消费观，做到理性消费，才能成为一名存钱小能手。

或许在很多人心中，“省钱”与“买”是相互冲突的，但事实上，二者一点也不冲突。将“省钱”与“买”合二为一，既能买到想要的东西，又能省下钱，这样的消费方式何乐而不为呢！

技巧性储蓄，让你的钱包迅速鼓起

在全世界人民的眼中，中国人民是勤劳的，其中最明显的一点就是，中国人在前半辈子拼命地赚钱，以求在老年能有钱安享晚年。外国人不同，他们奉行及时行乐，即赚到一笔钱，就迅速消费出去。

中国人为什么会有存钱的观念？这是为了以备不时之需，而这也是传统的理财观念。有了一笔钱后，我们最先想到的理财方式是什么呢？就是将钱存入银行。

因为，在很多中国人心中，将钱存在银行才是最安全的，并且能够拿到丰厚的利息。所以，将钱存入银行是当前绝大多数中国人的理财方式，尤其是对年纪稍大的人来说，将钱存进银行已经成为一种习惯。

选择银行存款来理财，这无可厚非，但我们需要明白的是，将钱存进银行，就真的能够让钱包鼓起来吗？答案是否定的，因为没有技巧性的储蓄，不仅不会鼓起钱包，还会令钱包缩水。

李潇大学毕业后就来到了北京，成为一名北漂。她有一个梦想，就是想在北京这个大城市买一套属于自己的小房子。所以两年来，她都省吃俭用，努力工作，存下了一笔钱。因为她对金融不了解，所以她的理财方式，就是将剩下的每一分钱存入银行。她的工资除去日常用的一部分，余下的都被她存到了银行。

李潇没有将钱存为定期，因为她担心随时要用到钱，所以选择了活期。然而，让她没想到的是，这一天她去银行存钱，心血来潮，想要查看一下这两年自己存的钱有多少利息了，却不想，银行柜员告诉她，她不仅没有获得利息，反而还被扣掉了数百元。

“你好，你是不是看错了？我的钱都存了好几年了，怎么可能没有利息呢？”李潇皱着眉头，不死心地问。

“没有看错，确实没有利息。”银行柜员回答。

“就算没有利息，那也不能反扣我的钱呀！”李潇的脸上写满了迷茫。

银行柜员解惑：“是这样的，活期存款利率下调了，再加上本行要收取您的账户年费、小额存款管理费等费用，累计起来，才扣了您这么多钱。”

柜员的话让李潇后悔不已，早知道如此，她就细细了解一番银行储蓄了。

不只李潇，很多人都认为只要把钱存入银行，就能坐等拿利息，实现财富的增值。然而，事实真是如此吗？

当然不是。因为，一旦银行的利率跑不过通货膨胀率，那么我们存在银行的钱就会缩水，与此同时，银行还会收取年费、管理费、转存手续费等费用，细细算一下，这些都是一笔不小的费用。所以，如果不好好了解一下银行储蓄方面的知识和技巧，我们不仅不能获得利息，还会倒贴钱给银行。

我们储蓄的目的，就是实现财富的增值。所以，合理储蓄是非常重要的。那么，如何才能获得收益呢？这里有几个获得较高收益的储蓄技巧。

技巧一：阶梯式定期储蓄法

什么是阶梯储蓄法？其实就是将钱分成若干份，然后以逐年递增的方式，分别存入银行。譬如，手里有五万元，可以将钱平均分为五份,即每份一万元。第一份一万元可以存一年定期，第二份一万元可以存两年定期……第五份一万元可以存五年定期。第二年，第一张储蓄存单到期后，可以直接续存，并将期限改为五年定期。第三年第二张储蓄单到期后，再续存，期限也改为定期五年。五年下来，所有的储蓄单都是五年定期，但每一年都会有一张储蓄存单到期。

这种储蓄的优点有两个，一个是能获得较高的利息，一个是保证资金取用的灵活性，不至于使自己在急需用钱的时候没钱，因为银行储蓄有一个规定，就是如果存定期的钱在不到期时被取出，那么就会按照活期的利率来计算，这么算下来，是得不偿失的。所以，与其担心以后会急用钱而将钱存活期，不如采用阶梯式的定期储存法，这样也能实现财富的增长。

技巧二：十二存单法

循环储蓄法是银行储蓄中最常见的一种储蓄方法，其中以十二存单法最常用。所谓的十二存单法，就是将每个月的现金结余都存成一年的定期存款。这样一来，从次年开始，储户手中就会有十二张定期存单，且每个月都会有一笔到期。存款到期后，如果有需要，可以取出来用，如果没有需要，那么可以连同本息一起续存。

从原理上来说，十二存单法和阶梯储蓄法大同小异，都是利用时间差来增强定期存款的灵活性。但区别是，前者要比后者更为灵活，因为十二存单法是以“月”来续存，而阶梯储蓄法是以“年”来续存的。从利率上来说，十二存单法的利率要比活期利率高，每年的利润也很可观。所以，对于有闲钱，可能有急用的人来说，可以采用这种储蓄法来让钱包鼓起来。

技巧三：约定转存法

每个银行都有“约定转存”的业务，这项业务存在的目的，就是在定期到期后，主动帮我们续存。因为，当定期到期后，如果没有“约定转存”，那么户头上的钱会自动转为活期。如此一来，利率会下降很多，等我们想起来定期到期时，将会损失一笔钱。所以，如果你考虑到一笔钱暂时用不上，那么可以和银行“约定转存”。

此外，“约定转存”还有一个妙用，就是与银行约定好定期存款的备用金额，一旦卡内的储蓄超过这个金额，银行便直接将其转存为定期。譬如，我们手上有一万几千元，如果按照活期来储存，那么利率是低的，甚至还会给银行交管理费，但与银行签订约定转存业务就不同了。在此，我们可以与银行约定定期存款的备用金额是一万元，如此，一万元存定期，余下的几千块就是活期。这种储蓄法，既能保证资金的灵活性，又能实现一笔财富的增长。

技巧四："驴打滚"式储蓄法

所谓的"驴打滚"式储蓄法，其实就是存本取息与零存整取相结合，实现"利滚利"的储蓄方法。譬如，我们手上有三万元，以存本取息的方式存入银行，期限为定期两年，然后把每个月的利息以零存整取的方式再存起来，这样就能获得利息带来的二次利息。

这种储蓄方法可以让获取的利益最大化，但缺点在于储户要频繁地跑银行。不过，有些银行已经开办了"自动转息"的业务，如果你要采用"驴打滚"式的储蓄方法，可以开通这样的业务。

技巧五：通知存款储蓄法

什么是通知存款？其实就是没有固定的提取存款的期限，但存款人必须提前通知银行提取存款，这里的通知期限通常有两种，即一天或七天。后者的利率要比前者高许多，是按照天来计算的。需要注意的是，这种储蓄方法适合有大笔资金且随时准备使用的储户，譬如想买房，或进货的人，等等。

银行已经存在了许多年，并且发展了许多种储蓄方法。某种储蓄方法是否适用于你，是否能够帮助你实现财富的增长，这些都需要你去细细了解。只有采用了正确的储蓄方法，才能让我们的钱包迅速鼓起来。

网络时代，省钱可以这样来

“小曼，老板给我们的薪水不低呀，你怎么天天吃泡面？泡面没营养，吃多了对身体不好！”

这天中午，办公室的同事陆陆续续出去吃饭了，于小曼依然留在了办公室。她从抽屉里拿出了一碗泡面，准备去开水间泡着吃。同事苏澜发现于小曼接连一个多星期都吃泡面，出于对她健康的关心，忍不住开口。

于小曼听后，叹了口气：“我也知道吃泡面没有营养，可是这个月我的工资早已经见底了！”她忽然想到什么，盯着苏澜，眯着眼睛说：“不对呀，我俩工资一样，我看你每个月都买衣服、化妆品、包包什么的，我有时候买的还没有你多，怎么你就能天天吃香的喝辣的，我却要天天吃泡面？你老实告诉我，是不是你爸妈接济你了？”

苏澜听后，笑着说：“没有接济，我吃饭的钱都是从买东西的钱里省出来的。”

于小曼听后，一脸不解：“这东西都买了，能省出什么钱？”

“在网络时代，钱当然是从网络里省出来的呀。”苏澜说着，指着于小曼新买的手机，拿出了自己用的手机，打开了某个购物 App。她说：“你的这款手机是从商场买的吧，我记得你当时说花了三千一百多元。现在，我们来从网络上搜索一下你这部手机的价格。你看，只需要两千七百元就能买到。这样算下来，是不是省了四百多元？”

于小曼凑过去一看，还真是如此。

“其实不只手机，很多商场里的东西，在网上都能买到，并且网上的价格普遍要比商场的价格低。我买东西，都是从网上买，一笔笔下来，省下的钱可不少。”苏澜说着，又在 App 里搜索了几款于小曼在商场里购买的商品，事实也正如她所说，的确比商场便宜了太多。

这是个网络时代，各种购物 App 层出不穷。在这些 App 上，你会发现，你想要买的东西总能找得到，就算没有，也能找到替代品，并且这些东西有一个共同点，那就是普遍比实体中商铺里的价格低得多。

可能很多人会认为网络上的价格太低了，它们一定是假货。不可否认，网购环境里鱼龙混杂，确实有假货，但这并不是它价格低的理由，因为真货的价格往往也比现实中商铺里的价格低得多。其中原因，有这样一些方面：

首先，网络中的商铺不需要付高额的门面租金。我们都知道，实体商铺都需要付门面租金，尤其是繁华的地段，租金更是高得离谱。而商家想要赚钱，自然会将租金的钱分摊计算到商品上，如此一来，商品的价格就上来了。但是，网络上贩卖商品是不需要交店门租金的，少了租金，价格自然就降下来了。

其次，网络中的商铺不需要雇佣那么多的店员。在现实中，大一点的商铺都需要雇佣多名店员，而这些店员的工资，其实都算在了商品价格上，但网络不同，只需要雇佣数名客服、发货员即可，因为网购的人都是自助购物的，有疑问的地方才会找客服帮忙，人工成本少了，价格就低了。

所以，网络上的商品比现实中售卖的商品的价格低是有理由的。如果担心买到假货，你可以在正规的有退货无忧的 App 上购买，当然，也可以在直营的旗舰店上购买。

学会利用网络，一年下来，省下的钱会让你目瞪口呆。那么，利用网络省钱的小窍门具体有哪些呢？

窍门一：你的手机少不了数款购物 App

现实中，我们买东西要货比三家，在网络上买东西，也是如此。因为，你看中的某件东西，店家在入驻这个购物 App 时，定的是一个价格，在入驻另外一个购物 App 时，定的又是另外一个价格。所以，多下载几款购物 App，几经对比，总能省下一些钱。

窍门二：网络购物前，不要忘记领取商家优惠券

说网络购物可以省钱，但是还有更省钱的办法，就是领取网络商家的购物券。譬如我们看中某样东西，在购物 App 上搜索这个产品时，在这个产品的页面里，会有隐藏的优惠券，领取了优惠券，价格会更低。除了购物能领取优惠券外，像住宿、用餐等都能在某些 App 上领取到优惠券。而这些，都能帮我们省到钱。

窍门三：闲置的东西转手卖给别人

很多人购物时都不太理性，所以，购买后会发现很多东西并不适合自己，或是用上几次就压了箱底。要知道，这些东西

都是用钱实打实买来的，如果用不上搁置了，意味着浪费。遇到这样的情况，你可以下载一款专门卖二手物品的App，利用网络将自己闲置的东西转手卖给别人，这样也可以达到省钱的目的。

窍门四：总能省钱的团购一定不能错过

要说网络购物怎么最省钱，当然是团购，因为商家讲究的是薄利多销。对于怎么团购，除了专门的做团购的App外，普通购物App上有时也会有这样的活动。当然，我们也可以呼朋唤友，当人数足够多时，可以自主和网络上的商家商谈，砍出一个团购价。这么看来，是不是能省许多钱？

在网络时代，网购已经是一种潮流。可以说，只要是你能想出来的，绝大多数都能在网络上购买到，并且，现在的快递行业也都发展成熟，不需要你出门，商家就能送货上门。如此看来，是不是还省下了一笔外出购物的油费呢？

省钱是最有效的赚钱法

这是一个快节奏的社会，尤其是生活在大城市的年轻人，都过着两点一线的生活，即从家到单位，从单位回到家。有时候，他们在单位的时间甚至比在家还要长。那么，人们忙忙碌碌的原因是什么？其实就是为了赚钱。

只有赚到钱，才能买一个属于自己的小窝；只有赚到钱，才能买自己心仪已久的东西，充实自己的精神世界；只有赚到钱，才能有一个舒适的晚年生活。然而，当我们打开自己的账户，却会发现自己每个月消费的钱正好是赚来的钱，甚至自己赚来的钱还没有消费的钱多，最终沦落到依靠数张信用卡度日。造成这种窘迫局面的原因是什么呢？可以说，这与我们不理性的消费习惯有关。这个想买，那个也想买，你哪儿还能存到钱呢？

不可否认，有些人赚的钱确实很多，但是真正最赚钱的方法，其实是省钱。因为，你省下的每一分钱，都进入了自己的腰包。就像一位富豪说的："吝啬每一美分，用好每一美分，才是财富增值的源泉。"

李小菲有一个非常要好的同事小宋。小宋在不久前生了一场重病。同事们也都慷慨解囊，尽微薄之力，筹捐了一笔钱。

那一日，小组长来收募捐的钱时，李小菲拿出了厚厚一沓钱，目测有一万之多，这些钱比其他同事捐的要多得多。

小组长看着那么多钱，他没有收，而是严肃地对李小菲说："小菲，我知道你和小宋的关系很好，你很感激他对你的帮助。但是，我们捐钱要在自己的能力范围之内，千万不能打肿脸充胖子。"

李小菲初听，有些傻眼："我没有打肿脸充胖子呀！"

小组长皱着眉头说："咱们这个小城市，生活水平不高，公司发的工资也不高。你一个外地人，除了要租房外，还要生活，哪能存到什么钱？况且，你刚刚入职一年，前半年还是实习期，工资都不够你付房租的。"

与李小菲一同进公司的一个同事立马点头附和："小菲，我俩工资差不多，我就是'月光族'，有时候还会靠信用卡度日。

你捐的钱是向朋友借的？还是向你父母拿的？要是小宋知道你借钱捐给他，他一定不会收的。”

李小菲听两人说完，就知道缘由了，她郑重其事地说：“你们放心好了，这些钱是我工作后存下来的，我没有向朋友借，也没有问我父母要。”

“小菲，你怎么能存这么多钱？”同事十分吃惊。

李小菲笑着说：“我是一点一点省下来的。”

“怎么能省下这么多呢？”

李小菲细细罗列了几点省钱的地方，她说：“我虽然租房子住，但是我没有租单身公寓，我是和另外两个室友合租了一套三室两厅的房子，所以在房租上，我每个月就能省下好几百，一年下来，也有好几千了。你们每天都开车来上班，我天天骑自行车来，一个月也能省下好几百的油费，一年下来也有几千。更重要的是，我是一个理性消费者，从来不购买自己不需要的、不买自己经济承受范围内的东西。所以，钱就这么一点点省出来了。”

虽然说，这是一个消费的时代，人们越来越注重物质与精神上的享受，但这个享受还是要有尺度的。先不说存多少钱，起码我们不能成为“月光族”，因为很多时候，一分钱就能难倒英雄汉。

你的薪酬高，这很让人羡慕，但一年下来，存不到什么钱，那么高薪酬就不那么令人羡慕了。由此可见，挣的钱多，经不住会花；挣的钱少，经不住会省。所以，想要让自己成为一个有积蓄的人，就一定得学会省钱。因为，省钱是最直接的赚钱法。

那么，在省钱上有哪些小窍门呢？

窍门一：精打细算过日子

生活是什么？其实就是衣食住行。这些是我们的必需品，我们无法省去，但是我们可以将过大的开支压缩后再压缩。

譬如故事中的李小菲，她虽然要租房子满足住的需求，但是她选择了更为省钱的合租；在出行上，她的家庭有能力给她买辆车，但她考虑到，车是一个消耗品，长年累月下来花费不少，便选择骑行去单位，这样的出行方式不仅省钱，还更为环保。

当然，我们说的精打细算过日子，并不是说要苛待自己，而是在不影响自己生活质量的情况下精打细算过日子。譬如在出行上，你可以开车去单位，但天气晴朗时，就可以选择骑行，这样既省下了一天的油费，又锻炼了身体，这样的生活方式何乐而不为呢？又譬如在穿着上，新品上市的衣服价格都会很贵，但在这个季度的后期时，价格会跌落，在这个时候购买，又会省下很多钱。

窍门二：货比三家省大钱

很多人都有这样一个购物习惯：当看到某个特别喜欢的东西时，哪怕价格再高，也会立马买下。事实上，这样冲动的消费是很吃亏的。因为，当你选择多走几家，对比一下价格，会发现后面的价格要低得多。选择最低的那个价格买入，是不是省了很多钱呢？

我们需要知道，你省不下钱，不只是因为你买的东西过多，消费的地方过多。如果每样东西都能做到货比三家，不知不觉就会省下一大笔钱的。

窍门三：关注商场折扣

现如今，很多商家都会选择在一些特殊的日子里搞促销、打折扣，但是，很多人认为，折扣和促销仅仅是一种噱头，价格在活动前、活动中、活动后，并没有很大差别。如果你有这样的想法就真的错了，因为不管活动的力度有多大，商家在价格上确实做出了让步，在这个时候选择买入，肯定会省下一笔钱。

你购买的东西越多，省下的自然就越多。

窍门四：网购比实体店买更省钱

这是一个网络迅速发展的时代，而网购也成为一种新型的购物方式。网购过的人都知道，网络上的价格普遍比实体店的价格低。所以，当你在实体店看中某个商品时，不妨去网店看一看，说不准你就能找到同款，这样也会省下很多钱。

当然，我们能省钱的地方、省钱的方式有很多，只要你有一颗省钱存钱的心，那么就一定会省下很多钱。

旅游省钱攻略，花得又少玩得又好

“再过阵子就是洛阳牡丹花会了，正好有个小假期，我打算去洛阳看牡丹，感受感受杨贵妃式的雍容华贵，有没有人一块去呀？”

一大早刚进办公室，蔡小妞就兴致勃勃地嚷嚷开了。同事们都羡慕地看着蔡小妞，这小妮子，上个月才刚去了云南丽江，上上个月去了海南三亚，现在居然又开始策划新的旅行了，真是有钱人啊！

“小妞，你是不是一隐形‘富二代’啊？你就直说了吧，咱也不会贪你便宜不是！”同事小李子终于忍不住凑了过去，两眼放光地看着蔡小妞。

看着同事们一个个羡慕嫉妒恨的眼神，蔡小妞得意地扬起下巴说道："我就一平头小老百姓，跟你们一样一样的！只是，这旅行嘛，谁说不能花得少又玩得好呢？你们这些人，都落伍啦，告诉你们，现在啊，流行——穷游！"

"穷游"，顾名思义，就是用很省钱的方式旅游。

近些年，旅游已经成为最受都市人欢迎的假日生活方式，在来之不易的假期，带着家人，约上朋友，一起到未曾去过的地方走走看看，既能放松身心，又能增长见识，正是其乐无穷啊。可是，巨额的旅游费不免让人囊中羞涩。短短数天的美好假期，背后的代价却是花掉辛辛苦苦攒下的血汗钱，这笔"买卖"怎么想都不划算！怎么办呢？穷游就这样应运而生了。

为了满足旅游这项爱好，也为了能以更少的钱，踏遍更多的地方，许多聪明的旅游者根据自己的经验，总结出了不少旅游中省钱的旅游小窍门，让每一个假期都能以极少的钱，享受到高性价比的旅游乐趣。现在，就让我们一起来看看，如何才能进行一场乐趣多多的高性价比的"穷游"呢？

窍门一：淡季、新线，别样选择有别样乐趣

绝大多数的旅游区都有旅游旺季和淡季之分。在旺季，游客相对较多，旅游区资源和服务通常会因供不应求而价格上涨，

尤其是在节假日期间。而在淡季，由于游客较少，不论是交通、住宿还是吃的、玩的，通常都会比旺季便宜得多。因此，如果你的时间比较自由，不妨选择在旅游淡季出行，这样不仅能够避开“人挤人”的窘境，享受悠闲轻松的旅途，而且还能节省不少费用。

当然，并非所有旅游区都适宜淡季出行的，比如蔡小妞想去的洛阳牡丹花会，总得赶在牡丹花开的时节吧，所以，如果你选择的旅游目的地有较强的季节性要求，那就只能从其他方面去省钱啦。

如果你在时间上没有办法做出调整，那么不妨避开热线旅游区，选择一些新开发的旅游线。这就需要我们有意识地多多关注这方面的信息了。

窍门二：能省会玩，网络帮你做到统筹兼顾

热衷于穷游的旅行者们都有一个共同特点，那就是会提前利用网络安排好一切跟旅游有关事项，比如预订车票、旅馆，甚至景区门票，等等。

在确定出游时间和出行地点之后，不妨提前预订好车票、旅馆及打算前往的景区门票，提前预订的好处主要有三点：第一，

确保行程安排不出问题，避免临时出现“买不到票”之类的情况；第二，通过相关网站提前预订，通常都会得到可观的优惠；第三，便于制订旅游计划，安排时间。

需要注意的是，如果你的旅游目的地不止一个，并且恰巧期间的车程在六小时以上，那么可以考虑选择夜里的车次，这样不仅能够节省一晚上的住宿费用，并且还能让玩乐的时间更充足。

窍门三：景区商品慎选择，不要总花冤枉钱

在传统的旅游观念中，人们总喜欢在旅游景区购买一些纪念品来作为馈赠亲友的礼物，或作为此次旅游的纪念。但实际上，很多旅游景区所贩卖的纪念品价格都比市价要高，并且其中很多东西在别的地方是很容易就能买到的，甚至可能混有大量伪劣产品。因此，在旅游景区，还是尽量少买东西。

当然，如果你打算带礼物或纪念品回去，那么不妨多跑跑当地市场，甚至可以考虑逛逛当地的夜市。这样，既能买到物美价廉的好东西，又能感受不同地方的“夜市”文化，体会最贴切的人文风情。而且，那些真正具有地方特色的土特产也要比旅游景区昂贵的纪念品有价值得多。

窍门四：远离大饭店，来份价廉物美的特色小吃

吃绝对是旅游花费的一大组成部分。我们不远千里到达一个陌生的地方，除了看看风景，体会体会人文风情之外，最大的乐趣大概就是尝一尝当地的特色小吃了。

在饮食方面，与其盯着费用高昂的大酒店、大饭店，不如上网寻找一下当地有名的街边小店。这些小店里不仅有着地地道道的本地口味，并且经济实惠，比高档的大酒店、大饭店要便宜得多。

此外，尽量避免在旅游景区吃饭，通常来说，景区的食物总是又贵又难吃的，不如自己备些干粮垫垫底，等离开景区，到了当地的街区之后再去寻找令人垂涎的地方美食。

窍门五：结伙出游更合算

如果能约到一块出游的伙伴，那是再好不过的事情了。你们可以一起疯玩，一起品尝美食，而且还能一起分摊房费、车费，甚至参与门票或美食等方面的团购，这样不仅玩得开心，还能省下一大笔费用。

此外，当到某些较为特殊的地方旅行时，比如西藏、青海、新疆等，结伙出游不仅更容易解决交通问题，而且还有利于保

障自己的人身安全。但需要注意的是，现在网络上非常时兴网友相约结伴旅行，参加这种活动时，一定要注意自己的人身安全，尤其是女性。正所谓“害人之心不可有，防人之心不可无”，不要为了一时的新鲜刺激而罔顾自己的生命财产安全。

第四章　斜杠吧！工薪一族

——只要你肯用心，赚钱方法可以花样翻新

赚钱的路子千千万，重要的是你有没有赚钱的心思。对于很多人来说，拥有多重职业和身份已经不是什么稀奇的事了，“斜杠”创业不仅能为我们带来收入的提升，同时还能让我们的人生有更多可能和自由。所以斜杠吧！朋友们，只要肯用心，赚钱的方法就可以花样翻新！

做个“斜杠青年”

大多数人工作的目的，是赚取财富，然后更好地享受生活。但是很多时候，你所从事的那一份职业，其薪酬不仅不能满足自己物质和精神的需求，还会对所从事的职业生出疲惫感和厌烦感。这个时候，我们需要通过“不务正业”来调解自己对本职工作的态度，以及让财富获得新的增长。

这里所谓的不务正业，并不是指游手好闲，而是指除做好本职工作外，去兼职一份新的职业。这类人有一个新潮的称呼——斜杠青年。

斜杠青年最典型的标志是，作自我介绍时，会在职业里加入斜杠，譬如他是一名编辑 / 摄影师。绝大多数的斜杠青年身上有这样一些特点：他们不满足“专一职业”的生活方式；他们渴望自由，渴望释放自我；他们对财富有所追求，但更注重精神世界。当然，既能赚到钱又能令自己的精神世界得到满足是他们最终追求的目标。

成为一名斜杠青年，听起来很酷，但是让人焦虑的是，一个人真的能够做好两份或两份以上的工作吗？要知道，人的精力都是有限的，忙完了一天的本职工作，哪还有精力去做别的事？事实上，只要你斜杠的职业是你喜爱的，是你感兴趣的，那么你就能将这份斜杠职业做得红红火火。

陈小希是一名秘书，在某大型企业任职。

作为一名秘书，除了要业务能力强外，对外表也有要求，因为老板会时常带着秘书出席各种场合。陈小希也不例外，她会充实自己的内涵，也会把自己打扮得很令人赏心悦目。而这些，都需要钱为基础。也因为她经常自费去各种培训班参加培训，买大量的化妆品和衣服来装扮自己，所以每到月底，她的钱包都会见底。

在陈小希抱怨自己上了这么多年班，一分钱都没有存到时，她的朋友反问她为什么不辞职。她的回答是，她当前的工作福利待遇都很好。所以，哪怕有时候她会产生倦怠的情绪，也舍不得辞职。

就在陈小希为赚钱而愁眉苦脸时，有个朋友给了她一个建议："你烘焙的面包和蛋糕非常好吃，你为什么不尝试着在工作之余，卖一卖自己的烘焙品呢？"

陈小希是一个烘焙爱好者，为了能烘焙出好吃的面包和蛋糕，她花了很多时间去研究，甚至还报了烘焙培训班。如今，她烘焙出来的东西，亲朋好友都喜欢吃。有些朋友家的孩子要过生日了，还会央求她帮忙做一个蛋糕，说家里的孩子就喜欢她做的蛋糕。

听了朋友的话，陈小希特别心动。因为，市场上的烘焙食物卖的价格普遍不低，但成本却是很低的。就这样，在朋友的建议下，她成为一名斜杠青年。

陈小希白天的时候，会做好自己的本职工作，下班回到家后，以及周末的时光，她会扑到烘焙上。随着她将烘焙的作品频繁地发到朋友圈，一些朋友开始问她卖不卖，当她回复卖时，一笔笔订单就产生了。后来，她的亲朋好友又将她的微信推荐给别人，这让她的客户越来越多，她每个月赚的钱有时候比本职工作还要多。

就这样，一年过去了，陈小希终于成为一个有存款的职场女性。当朋友问她做两份工作累不累时，她说一点也不累，因为烘焙是她最大的兴趣爱好，每当烘焙时，她的心情都是愉悦的。

在现实生活中，很多人都与陈小希一样，虽然拿着丰厚的报酬，但一年下来，却存不下多少钱。也因为存不下钱，他们才会对自己的工作产生质疑和疲倦，然而，又因为工作单位稳定、福利待遇很好，而舍不得辞职。在这样的情况下，我们不应该将时间放在对现实的妥协和自暴自弃上，而是要寻找新的突破口，去创造财富。

怎么创造财富呢？就是要利用好工作之外的时间。对此，有这样几种方法作参考。

方法一：找一份自己喜欢的兼职

兼职，就是第二份工作，通常这份工作都是利用零碎的时间或周末时光来做的。有时候，兼职找得足够好，它创造出来的财富甚至不比本职工作的薪酬低。所以，当你有足够多的业余时间时，与其将时间平白浪费掉，不如兼职一份工作。

正如先前所说，一个人的精力是有限的，但如果你寻找的兼职是自己感兴趣的，那么你就会忽略那股疲惫感。因此，找兼职前，我们首先要思考的是，自己喜欢做什么？然后以自己的喜好去找。如果你的喜好自己并不擅长，那么可以先投入到学习当中去。譬如，一位理科生爱好写作，想要找一份写作相关的兼职，又因为文笔不够好而屡屡被拒，这个时候，就可以先提升自己的文笔，之后再投入到兼职工作中去。

方法二：自由创业

从事本职工作时，很多人都会觉得自己被约束了，所以当有了想要斜杠的想法时，会本能地想找一份自由的工作。然而，在现实当中，自由的职业并不多。但是，如果你选择的是自由创业的话，那么就能获得足够的自由了。

自由创业，就是自己当自己的老板，不规定工作时间，不规定工作地点，如成为一名自由摄影师、自由烘焙师等。这些都是比较自由的，并且在很大程度上，我们自己能够掌握主动权。这样既赚到了钱，也享到了自由，何乐而不为呢？

方法三：找一名合伙人来创业

真正的创业，都需要大量的时间和精力。对于有本职工作的人来说，这是有些不切实际的，常常会因为精力、时间的不足而导致创业失败。但是，如果找一名没有本职工作的合作者来创业，那就不同了。因为，合伙人在我们没有时间、没有精力的时候，会帮我们处理好一切。

方法四：做一名产品代理人

翻看身边的朋友圈，你会发现很多人都在推销产品。这些人没有工作吗？当然不，他们当中的一部分人工作非常不错。所以，他们是看中了某款产品，从而成为一名产品代理人。做一名产品代理人，是不需要规定工作时间和地点的，所有的零碎时间都可以被利用。

选择成为一名产品代理人前，我们要慎重挑选代理的产品。通常来说，需要谨记这样几点：尽量不做大公司和成熟品牌的代理，一来是利润非常低，二来是代理人多竞争激烈；选择代理的产品要有效果、有特点，并且具备所有的合法手续；要做一级代理，与厂家直接接触，让自己的利润最大化；等等。

创造财富的方法有太多，只要你肯用心。所以，不要被本职工作所束缚，是时候要“不务正业”了！

潜能测试，看看你有没有做老板的潜质

听说闺密童芳利用业余时间和人合伙开了间茶馆，生意非常不错，短短几个月就已经回了本，林婷不禁也动了心思。正巧林婷的表妹婉婉刚大学毕业，不想给别人打工，准备自己创业，开一个奶茶铺子。林婷一合计，便提出要和婉婉合伙，她出钱投资，管理工作则主要交给婉婉，两人一拍即合。

可没想到，这事看着简单，铺子真开起来之后，林婷才发现，自己真是小看了这门小生意。最后，奶茶铺子营业了还不到半年，就因为各种各样的情况歇业了。林婷折腾了一遭之后，不仅没能赚到钱，反而还搭进去不少。看着童芳生意红火的茶馆，林婷也只能在心中无奈叹息：自己真不是做生意的这块料啊！

虽然人人都希望摆脱“打工仔”的命运，自己当家做主，可当老板确实不是件容易的事。有的人天生就适合做生意，稍加磨砺就能把生意经融会贯通；可有的人呢，天生就不适合吃这碗饭，倒不如找份安稳的工作，再利用自己的特长赚点外快，小日子照样能过得愉快。

那么，你究竟适不适合创业？你有没有成为老板的潜质呢？不妨一起来测试一下吧！

1. 你是否有储蓄的习惯？

2. 在求学期间，你是否曾组织过较大型的活动？

3. 在学校或家庭中，在没有父母、老师监督的情况下，你是否能自觉完成工作？

4. 你是否曾对一件事投入过十小时以上的注意力？

5. 你是否有整理和保存重要资料的习惯？

6. 在日常生活中，你是否会主动关心他人需求？

7. 你是否曾为达成某个目的而做过两年以上的长期计划，并完成实施？

8. 你是否喜欢独立完成工作，并能完成得很好？

9. 你的朋友是否经常来寻求你的指导和建议？

10. 你所交往的朋友中，是否有远见卓识的老成持重型人物？

11. 你在团体中是否受欢迎？

12. 你认为自己是否擅长理财？

13. 当你为别人工作时，发现对方管理上存在问题，是否会主动指出并提出改进建议？

14. 当你需要别人帮助时，是否有自信说服对方向你提供帮助？

15. 你是否对音乐、艺术、体育以及各种活动课程感兴趣？

16. 面对竞争时，你是否具有强烈的好胜心？

17. 组织活动时，你是否能充满自信而不害羞？

18. 你是否能在短时间内交很多朋友？

19. 你是否会因为赚钱而适当牺牲个人娱乐？

20. 当面对一项重要工作时，你是否习惯给自己留出充足的时间？

21. 当你的工作需要专心时，你是否有能力为自己安排一个适合的环境？

22. 当面对困难的工作时，你是否具有足够的耐心和耐力？

23. 当参加重要的聚会时，你是否能做到守时？

24. 你是否总是习惯独自承担责任，并有计划、有目标地认真执行工作？

以上这二十四个问题，回答“是”可以得到一分，回答“否”则不计分。现在，请认真统计你所得的分数，并参照下列答案，判断自己究竟是否适合创业。

零分至五分：现在的你并不适合自主创业，倒不如多花些时间提升自己的专业技能，从而提升自己的业余创造财富能力。

六分至十分：如果选择创业，那么你必须拥有一位经验丰富的导师或伙伴，在他们的帮助下，你尚且有创业成功的可能。

十一分至十五分：从性格特点上来看，你非常具备成为老板的潜质，自主创业对你来说是一个不错的选择。但你也应当注意选择了“否”的问题，并从中找出自己的弱点和劣势，以便更好地提升自我。

十六分至二十分：你非常适合走自主创业的道路，你个性中具备这样的特质，不妨试着从小事业开始，一点点累积经验，相信未来的你一定能够大有作为。

二十一分至二十四分：在创业方面，你具有无限的潜能，只要把握好时机，再加上一点运气，你一定能够在创业之路上一飞冲天。

现在看清楚自己的创业潜质了吗？选择真正适合自己的道

路，才能在职场中无往不胜，展现属于自己的精彩！

【职场小测试】你适合从事什么类型的工作？

每个人都有自己擅长和不擅长的事情，做自己擅长的事情时，我们往往能够事半功倍，相反，如果做自己不擅长的工作，那恐怕就只能事倍功半了。那么，你是否知道自己适合从事什么类型的工作呢？以下这个小测试会告诉你答案。

问题：

有一天，你来到了远古时代。天气十分炎热，你突然看到两个男人和一个女人正在嘀嘀咕咕地说着什么，讨论得十分热闹。那么，你认为这三个人究竟在讨论什么呢？

A. 他们正在讨论接下来的伙食问题要怎么解决。

B. 因为天气太热，他们忧心如何解决食物容易腐烂的问题。

C. 村子里可能暴发了一场瘟疫，他们非常烦恼，正讨论应该怎么办。

D. 这两个男人发现这个女人脚踏两条船，正在为此争吵。

E. 有外来人入侵了他们的领地，他们正在商量对策。

根据你的直觉，选出你认为最接近的答案，然后对照下面的解析，看看你究竟适合从事什么样的工作吧！

选项A解析：

选择 A 的人非常适合从事一些专业性强的工作，比如医生或律师等。能够从事这类型工作的人，学历往往都比较高，同时掌握较强的专业技能。因此，如果以此为目标，那么你也必须相应地付出很大努力。

选项 B 解析：

选择 B 的人比较适合从事销售类，或者诸如公关、经纪人之类的工作。这样的人通常具有不错的沟通能力，擅长察言观色，这是非常难得的一种特质，加以训练，对你的生活和工作都会有很大帮助。

选项 C 解析：

选择 C 的人比较适合创业，自己做老板。这样的人通常拥有较强的领导能力，天生就适合做领袖。当然，适合不代表就一定能达到，想要取得多少成就，你就必须付出多少努力，天下没有免费的午餐。

选项 D 解析：

选择 D 的人比较适合从事一些创意类相关的工作。这样的人头脑灵活，时常脑洞大开，总能想到些稀奇古怪的点子。需要注意的是，如果你选择从事这类型的工作，那么人脉将会成为非常重要的助力，所以你需要努力扩大自己的交际圈，学会借助人脉的力量帮助自己获得成功。

选项E解析：

选择E的人性格比较保守，一般向往平静的生活。所以，一份有稳定收入和固定上下班时间的工作无疑是你最好的选择。此外，在业余时间，你也可以学习一些自己感兴趣的东西，这或许还能让你在工作之余赚点外快呢！

网店，副业致富的新路线

“林菁，你是我们服装设计学院的大才女，好多老师都说你以后会成就非凡。怎么毕业好几年了，你还没投入自己擅长的职场呢？”

大学同学的这句话盘旋在林菁的心头，数天都不曾散去。它仿佛是一个泥潭，她越是挣扎，陷得越深。所以这些天，她一直闷闷不乐，照顾孩子时也总是分神，有一回还差点烫伤了孩子。当她的丈夫询问她有何烦恼时，她这才将缘由娓娓道来。

原来，前些天，林菁参加了大学同学组织的聚会。聚会上，那些才华不如她的同学，一个个都取得了不错的成就，赚了不少钱。唯有她这个昔日的大才女，在事业上一直没有作为。所以，同学的那句打趣话，让她既难过又迷茫。

事实上，林菁和丈夫是青梅竹马的恋人。她完成学业时，丈夫已经三十而立了，她一毕业丈夫便跟她求婚。她考虑到丈夫的年纪便答应了，哪想到，结婚没多久她便怀孕了。因为家里老人没有时间照顾孩子，而他们夫妻俩又不放心找外人来照顾孩子，所以这几年照顾孩子的重担都落在了林菁的身上。

林菁为了不离开孩子，便找了一份在托儿所照顾孩子的工作，这样既能工作赚一点钱，又能兼顾自己的孩子。因此，这些年她一直没有机会步入自己擅长的领域一展才华。

丈夫了解到林菁心中的苦闷后，灵机一动，不由提议："现在网购那么发达，你可以开一家网店呀。"

"网店？"林菁问。

"是的。你的网店可以卖你设计的服装。"

林菁思考了一番，她觉得丈夫的建议值得一试。后来，她在某购物网站申请了一家网店，取名为"妮妮妈妈的小店"。她的店专门卖童装、女装，有时候也会卖一些亲子装。这些衣服都由林菁亲自设计、亲自缝制。因为款式新颖、独特，做工极好，哪怕价格高，也有人愿意买。

最初的时候，林菁的这家网店生意不多。她在工作之余，一个人能够完成设计、剪裁、缝制，但随着生意越来越好，她一个人忙不过来了。所以，她只完成设计、打版，批量生产的工作交由合作的服装厂来完成。

时至今日，“妮妮妈妈的小店”已经是一家知名的网店了，而她也赚了一大笔钱。

网店是时代发展的产物。它满足了人们足不出户就能买到心仪东西的心理，又因为网店商品的价格普遍比实体店低，所以它越来越受人们欢迎，成为当代年轻人的主流购物方式。

每个购物网站都有许许多多家网店，这些网店卖什么的都有。每一家网店的背后都有一个主人，这些主人，绝大多数是斜杠青年。

因为，当我们本职工作的薪酬无法满足我们在物质与精神上的需求时，便会急切地想要再找一份工作，赚一点外快，而不耽搁本职工作、没有时间限制的网店便是首选。

每个网购过的人都清楚网购的流程——打开购物 App 后，搜索自己想要的商品，然后点开商品页面，查看商品的详细信息，对商品满意，就直接将它放入购物车或直接购买。在查看商品信息时如果有对商品不明白的地方，可以询问客服。这里的客服，有些是智能客服，有些是人工客服。智能客服能够按照设定的程序，回答那些很常见、普遍的问题，当回答不上来时或是顾客主动要求询问人工客服时，才需要人工来回答。所以，我们完全可以利用零碎的时间和工作之余的时间来开一家网店。

那么，如何开好一家网店呢？这里有几个窍门。

窍门一：深思熟虑卖什么

开网店很容易，在很多购物网站都能注册，但卖什么却不容易，因为东西卖不出去，亏本的就是自己，并且还浪费了自己的时间与精力。所以，开网店之前，首先要思考的问题是：卖什么？

通常来说，我们要注意尽量避免自己没有涉足、不曾了解的行业，选择自己了解或感兴趣的行业。与此同时，也要定位好自己的客户群，以此来对卖的产品做一个准确的定位。需要注意的是，我们卖的商品的价格越高，利润空间就越大，在给商品标价时，也要将包装、邮费等问题考虑在内。

当然，售卖的东西并不一定是实物，也可能是自己的技术，譬如你是一名会计，但却精通广告设计，那么开网店时，可以售卖自己的技术，即按照客户的要求，帮其完成广告设计。

窍门二：寻找物美价廉的货源

网购会成为潮流，是因为通过网购的商品价格普遍比实体店低。我们想要自己的网店从众多的网店中脱颖而出，除了商品的质量要过关外，价格也不能过高。否则，客户在不了解商品的情况下，就会因为高价格而离去，如此网店便实现不了盈利。那么，如何才能降低自己商品的价格呢？唯有寻找到物美价廉的货源。

窍门三：想要网店生意好，促销活动不能少

不论是实体店，还是网店，每当有促销活动时，订单会增加很多，这是因为，很多顾客都有贪便宜的心理。所以，网店新开张时，我们可以做一些力度大的促销活动。当顾客购买后，若发现商品质量好，就会成为你忠实的客户，而这些忠实客户是每一个网店生存下去的根本。此外，在一些重大的节日、特殊的日子，也可以进行促销活动。

需要注意的是，所谓的促销并不是说要降低每件商品的价格。它的方式多种多样，譬如购买一件商品为九折，购买两件商品为八折，购买三件商品为七折，以薄利多销的方式去经营，也能达到赚钱的目的。

窍门四：网店的设计要独特

人们对于赏心悦目的东西，本能地会流连忘返。人们浏览

网店时，如果网店的设计太粗糙、商品陈列太杂乱，或是拍摄的商品照片太暗淡，就会给人一种“这个网店很差”的感觉。一旦有了这个感觉，客户就不会有购买欲，因为他们会不自觉地认为这家网店里销售的商品肯定也很差。因此，一个想要留住客户的网店，绝不能少了独特设计。在设计上，色彩搭配要舒适，以方便客户浏览。

窍门五：在和客户交流时，切记“和气生财”

作为一名客户，不免有“客户就是上帝”这种观念。通常他们在询问客服时，都希望自己得到好的接待，解决自己的售前问题和售后问题。所以，在与客户交流时，店家一定要有“客户至上”的理念。因为，和气才会生财。哪怕这次买卖做不成，仁义也会在，说不准下一次就能做成买卖呢。更重要的是，几乎每个购物 App 都有商品评价功能，一旦得到客户的差评，网店的生意或多或少都会受到影响。

窍门六：懂得为自己的网店做推广

虽然说，“酒香不怕巷子深”，但将“酒”的名气打出去，慕名而来的人才会更多。所以，开网店时，我们也要懂得为自己的店做推广，这样才能吸引到源源不断的客户。如何做推广呢？最常见的方法就是在论坛、贴吧、聊天交友群等有着大量用户的地方打广告，也可以请有一定粉丝量的博主、主播等帮自己推广。需要注意的是，广告要打得润物细无声，不能让人有反感的心理，不然效果就会适得其反。

开网店的门槛并不高，有物美价廉的货源，有过硬的技术，它就会从众多的网店中脱颖而出。哪怕在前期没有利润，也不用着急，因为网店毕竟是副业，只要坚持，只要用心，就一定能成为我们致富的新路径。

微商怎么做，才有大收获

“媛媛，都下班了，你怎么还不回家呀？又在发朋友圈吗？”

这天下班，公司的李姐见赵媛媛拍了张自拍照准备发微信朋友圈，忍不住问她。

“是的，李姐，今天工作太忙了，我朋友圈都忘了发广告。”赵媛媛点头回答。她见刚刚拍的照片的亮度不够，便换了一个采光好的角度，嘟着红唇，将一支崭新的润唇膏放在脸边，又重新拍了张照。见照片拍得不错，她便发了朋友圈，并配上文字：“连续用了一个多月的润唇膏，嘴唇变得水润有光泽，细小干裂的唇纹统统没有了，你还在观望什么？”

很显然，赵媛媛在微信的朋友圈打的是某个品牌的润唇膏广告，除了在公司上班外，她还有一个职业，就是微商。

李姐见赵嫒嫒每天都会发广告，便好奇地问她："你做微商能赚到钱吗？"

赵嫒嫒神秘一笑："当然能，赚的还不少呢！"

李姐显然不相信，她有着很多人都存在的困惑，那就是微信朋友圈的人就那么点，就算每个人都有成为客户的可能，那也赚不到多少钱呀，毕竟每个产品都有一个很长的使用周期。

对此，赵嫒嫒回答说："我会不断地加微信好友。"

怎么加？

赵嫒嫒说："我会从网上购买一些便宜的小礼品，然后在下班之后或是周末的时候，去公园或广场派发小礼品。当然，我不是见到人就给的，我做的产品是润唇膏，所以我会着重挑选一些嘴唇干裂、细纹多的人送出我的小礼品，前提是这些想要小礼品的人得先加我的微信。随着我发的朋友圈越来越多，朋友圈里的好友陆陆续续就会买。我看买的人多了，下单的量越来越少了，就会再去公园和广场加新的微信好友。"

微信，可以说是当前使用率最高的聊天软件，据统计，目前微信的使用者已经超过数亿人。在微信上，我们可以发一些自己的日常动态，也可以通过微信看一看好友的动态。也因此，很多人看到了其中的商机，发展了一条以微信为主的商业链。

现今，打开朋友圈，毫无例外，十条微信动态里，必有几条是在发某产品的广告。这些发广告的，有些是我们现实中的朋友，有些是我们通过其他渠道添加的。这些微信好友，其实就是微商。

这些微商没有工作吗？当然不，他们中有些人的工作非常不错，福利待遇好得让人眼红。那他们为什么要选择成为一名微商呢？当然是为了多一份进项。哪怕赚的钱不多，也能补贴家用，或者就当赚点私房钱。事实上，有很大一部分微商是高收入人群。

成为一名微商的门槛很低，只要能找到不错的产品，就可以发到朋友圈兜售，成为一名正儿八经的微商。并且，微商是一份很自由的职业，它没有时间限制，没有地点限制，非常适合当作自己的第二份职业。

那么，如何成为一名成功的微商，赚到一份不错的收入呢？有这样一些窍门。

窍门一：兜售的商品要有效果

微信上兜售的商品是五花八门的，有代理的、有海外代购，还有很多微商在兜售自己的产品、技术、资源，等等。

就代理来说，有很多产品都是知名度不高的，也正是因为知名度不高，微商才会有较大的利润空间。如何让微信的好友信任自己代理的产品呢？首先就是要自己使用起来。当他人在你的身上看到产品的效果后，才会有购买的欲望。相反，我们自己都不使用，他人又怎么敢买敢用呢？

所以，不管我们在微信上卖什么，都要让他人看到成品，看到效果，这就少不了要经常在朋友圈发一发广告，当别人看得多了，渐渐就会信了。

窍门二：懂得做推广

微信有这样一个特点，就是彼此成为微信好友后，才能看到对方的朋友圈动态。所以，想要成为一名出色的微商，自然少不了众多的微信好友。对此，我们可以自己添加陌生人为好友，也可以为自己做推广，为自己的商品做推广。

为自己的商品做推广，则是在人多的地方展示自己的产品，有人对产品感兴趣，自然会当场购买，或是添加好友犹豫一段时间后再购买。

需要注意的是，我们在做推广时，一定要注意购买对象的年龄定位。譬如在微信上卖一款婴儿尿不湿，那么客户年龄的定位则为年轻的宝爸宝妈，这样商品的成交率才会高。

窍门三：管理好自己的朋友圈

很多时候，我们要想了解微信上某个好友的信息，一个是看他的微信名片，二是翻看他的朋友圈。我们将他的朋友圈浏览一遍后，这个人就会在我们的脑海里形成一个形象，或是积极的，或是热爱生活的。

因此，选择做一名微商时，就不能将微信的朋友圈当作自己吐槽、发泄负面情绪的地方了，因为没有人愿意与一个消极的、不爱生活的人达成交易。所以，我们的朋友圈除了要发一些产品广告外，也要发一些积极的、真实的、热爱生活的动态，这样才能打动客户的心，赢得客户的信任，继而达成交易。

窍门四：做一名有信用的微商

从很大程度上说，微商和网购有些相似，但不同的是，微商要比网购更自由，因为它的监察力度并不高。当然，既然选择成为一名微商，就不能因为缺乏监管而放纵对自己的要求，忽略商品的质量问题，否则就是在砸自己的招牌。

所以，每做成一笔订单前，我们都要与客户很好地交流，在订单成交后，也要做好售后的工作，用自己的诚信征服客户，让普通客户成为忠实客户。要知道，微信上的每一个忠实客户都有着巨大的潜在价值，因为他们会推荐自己的亲朋好友来购买，这比我们说一千遍一万遍商品的好处管用。

窍门五：微商也少不了做促销

微商可以适时做一些促销活动，将价格控制在客户的承受范围内。若客户体验到商品的优点，当商品恢复活动前的价格后他们自然能够接受。当然，针对老客户，也可以做一些薄利多销的活动。

窍门六：切记不要频繁地向客户推荐自己的产品

很多初为微商的人，会急切地想要达成第一笔交易，于是便在聊天对话框里向自己的好友进行各种推荐。而频繁推荐的结果是，对方将自己拉入黑名单。此外，也不能频繁地在朋友圈里发商品的广告，太过频繁的话，会让众多好友屏蔽自己的动态。如此，还怎么促成交易，做一名收入不菲的微商呢？因此，我们要把握好在朋友圈发广告的频率，也不要经常性地在微信上单独找客户做推销。

微商做得好，可以赢得客户的信任和感激，而做不好，就会被朋友圈里的好友拉黑。所以，当你选择成为一名微商时，必须用心经营。

创业者必须懂的“借”字经

梅芳和童晓是一对感情非常好的闺密，两人大学时就是同学，还住在同一寝室，更为巧合的是，毕业之后，两人还嫁给了一对兄弟，就连婚礼都是一块办的。

结婚不到一年，梅芳就怀孕了，之后就干脆从职场急流勇退，回归家庭做了一名全职太太。童晓在一家地产公司上班，她和丈夫早就商量过，打算晚一些再考虑孩子的问题，因此在梅芳选择辞职的时候，童晓还在一心打拼自己的事业。

孩子出生之后，经济压力骤然增大，梅芳便动了心思，想要找点什么事情做，补贴一下家用。外出工作是不可能的，毕竟孩子还需要照顾，公婆身体又都不大好。正巧那段时间，梅芳一个远房亲戚正四处借钱，做生意，并承诺给分红。

这个亲戚梅芳也认识，是个有本事的人。于是，梅芳琢磨了一宿之后，把自己手头的钱规整了一番，又四处找亲戚朋友借了一些，凑了五十万借给了那个亲戚，对方承诺会在一年之后归还。

这事梅芳一开始就告诉了童晓，但童晓觉得风险太大，不愿意去赚这点钱，只私人借给了梅芳五万块钱，也不打算要她的分红。幸运的是，一年之后，那位亲戚赚了大钱，按期归还了欠款和分红，梅芳一转手就赚了将近十五万。

手里有钱之后，梅芳便萌生了创业的想法。那段时间，梅芳家附近正在建一个水上公园，临湖道上盖了一溜儿商铺，正在招租。梅芳实地考察之后，发现那里风景非常好，而且周围有很多居民小区，便想投资个茶室。

原本一开始，梅芳的计划只是租个小格子铺，随便卖点什么，这样的话手头上的资金是足够的。但如果要投资茶室，那需要的本钱可就多了，梅芳自己根本拿不出来。于是，她便把自己的想法告诉了童晓，想叫她和自己合伙。

童晓虽然有些心动，但她手头上的存款其实不多，思来想去之后，还是婉拒了梅芳的邀约。没有合伙人就意味着需要承担的风险增大了，但机会只有一次，梅芳咬咬牙，直接把家里的房子抵押，向银行贷了一笔款，把茶室开了起来。

幸运女神再一次站在了梅芳身边。茶室开起来的时候，水上公园也基本上建设完了，那里几乎成为男女老少们的约会、休闲、娱乐中心。每天人来人往，周围的生意自然也带动了起来。尤其是梅芳的茶室，位于湖畔，眺望出去，就是一片漂亮的睡莲，颇有意趣，不少人聚会或谈生意都喜欢到这里坐一坐，点上一壶清茶。

如今，童晓终于辛辛苦苦爬上了经理的位置，而梅芳呢，则已经把茶室的经营管理交给了手下的人，自己只每天巡视一番，在家带带孩子，日子过得清闲得很，收入却比童晓要高得多。

在现实生活中，很多人都有过这样的经历：明明看准了机会，想要做笔大投资，怎奈囊中羞涩，只能忍痛放弃，眼睁睁看着别人从中获利；明明有了绝妙的想法，想要做个大买卖，可惜两手空空，只得想着等以后有钱了……结果，好点子早成了别人的“摇钱树”。

要知道，机会总是稍纵即逝的，如果你不第一时间抓住它，那么它也不会留在原地等待你。有人可能要抱怨，这“巧妇难为无米之炊”，没有本钱，怎么去抓住机会呢？如果你也有这样的疑问，那么不妨看看梅芳，不管是一开始投资给亲戚，还是后来创业开茶室，她其实都是在“借鸡生蛋”。可见，所谓的“时不待我”，说到底，还是因为你本事不到家。

作为一个普通人，手中拥有的资本是非常有限的，要想在“零资本”的情况下完成财富积累，本身就是一件非常困难的事情。但如果懂得“借”，通过借用别人的资本来创造收益，那么财富的积累将会变得容易得多。可以说，“借”不仅是普通人扩充财富的高招，同时也是实现目标所必须具备的能力。

这里所说的“借”，不仅仅是指借钱，人力、物力等一切可借之物，都是可以借来帮助我们走向成功的。一个人，能力再强也是有限的，但只要懂得“借”，那么手中便拥有了无限的可能。

很多人都知道，创业有风险，成功了，能赚到很多钱，而失败了，就会血本无归。所以，很多人在本职工作的薪酬满足不了自己的日常开销时，就会萌生出成为斜杠青年的念头，最终将视线瞄向了最能赚钱的创业上。

所谓的创业，其实就是创造一份属于自己的事业，通俗点说，就是自己当自己的老板，不受工作时间、地点约束。通常来说，创业是一个从头开始的事情，除了要把控创业途中的每一个细节外，更重要的是要有充足的资金链。

然而，很多创业者在创业前，都是缺乏资金的。所以，他们不得不借钱去创业。他们或是向银行借，或是向亲朋好友借，或是找投资公司投资，等等，这些统统都是借钱的范畴，而每一个成功的创业者，也都将“借”字经玩得炉火纯青。

那么，如何才能借到钱呢？在此要谨记这样一些窍门。

窍门一：要做到诚实守信

人人都知道“借钱容易还钱难”这个道理，别人在借钱时可以装孙子，但如果他迟迟不还，你找别人还钱的人你就得装孙子。所以，很多人都有不愿借钱的心理。想要突破他人不愿借钱的心理，关键要在他人心里树立一个诚实守信的形象。

因此，在日常生活中，要努力维护自己恪守信用的形象，做一个诚信的人。这样当你开口借钱时，别人才会心甘情愿地借。

窍门二：要付利息

我们将钱储蓄到银行，不如说是将钱借给银行。因为，银行会给予一定的利息，再用我们的钱去投资，从而产生收益。因此，在开口向他人借钱时，一定要考虑到人的趋利天性，承诺会付利息。

对于熟悉的朋友，承诺的利息可以与银行的利息持平，而对于不熟悉的朋友，承诺的利息可以高于银行一点。对于小额的借款，短期内则可以不付利息，但一定要备好谢礼，如果还款期较长，同样要付利息。

窍门三：关系再好，借条不能少

绝大多数时候，人们向他人借钱时，想到的是自己的亲朋好友。然而，也正是因为关系的亲近，我们往往会忘了写借条或不好意思要求对方写借条。但是，这并不是不写借条的理由。

因为，有时候你认为和对方关系很好，但在对方看来，关系并没有好到不写借条的地步。这样即使对方借你钱了，心里也会不愉快，等下一次你想再借时，对方一定会找理由拒绝。所以，写借条是为了让对方放心，是为了让对方心情愉悦地将钱借给自己。

窍门四：既要说明借钱的用途，也要说明创业项目的盈利

通常来说，借钱者和被借钱者之间少不了这样的对话："借我点钱？""干什么用？"

说明原因后，对方在考虑你的借钱原因是否正当，你是否有偿还的能力后才会借。你不说明借钱的用途，就会被对方直接拒绝。

我们说明借钱的用途，一来是能满足被借钱人的好奇心；二来是为了让对方放心。如果对方在听完我们借钱的用途后依然犹豫，那么我们可以向对方说明自己的创业项目的盈利。当对方意识到我们创业项目的可行性后，就会放心借钱了。

窍门五：借钱也要看对象

在借钱时，我们要看准对象，而这个对象要符合两个条件：他是否有余钱？他是否是一个慷慨的人？

因为有余钱的人，才有借钱给他人的能力；因为性格慷慨的人，在你说明借钱用途、证明自己还钱的能力后，对方就会借。所以，在向他人借钱时，一定要看准对象，最好对方同时符合这两个条件，这样借到钱的成功率才高。

借钱也是一门技术，只有掌握了借钱的技巧，才能借到钱，从而去创造财富。

提高“身价”，就是提高你的赚钱能力

过五关、斩六将之后，于丽丽终于进入面试最后一个环节，此时她的竞争者也只剩下最后一位了。就在主考官犹豫不决之际，另一位竞争者突然拿出了一沓证书来作为自己最后的“加码”。什么会计证、教师资格证、普通话等级证、健美操等级证、钢琴十级证……有用没用的应有尽有，最终，于丽丽惨败于证书之下……

补习班生意越来越差，生源几乎都被最近新开的一家补习班抢光了。林老师心中甚是不平，风风火火杀了过去，打算好好瞧一瞧，这新开的补习班怎么就这么受欢迎。结果，这才刚走到新补习班门口，她就瞧见了一溜的巨幅海报，国家级优秀教师、金牌讲师……

听说公司的新财务总监已经走马上任，李青和几个同事兴致勃勃地前来观摩。结果，定睛一瞧，这位新任的财务总监不是别人，正是她们之前的同事王欣然。李青心里有些不是滋味儿，毕竟她自己在公司已经干了五年，王欣然入职才两年。当初，公司提供出国培训机会的时候，领导本来想推荐李青去参加，但由于种种顾虑，加上英文水平不是很好，李青最终婉拒了这次机会，名额这才落到了新人王欣然头上。可谁能想到，出国培训一年，拿回个国际注册会计师证书，王欣然就能立马飞上枝头变凤凰，成了新任的财务总监呢……

在现实生活中，像这样的事例数不胜数。学历高的往往能碾压学历低的，重点大学的往往比普通大学的更受重视，有一技之长的总是比什么都不会的更容易受人青睐……在现代职场中，刨除一切的身家背景来说，你的“身价”往往决定了你的赚钱能力。因此，要想赚得多，说到底，还是得时时刻刻让自己充电培训，以确保自己在职场中的竞争力。

在职场中打拼，就如同逆流而上，不拼命往前，就会不断退后。即便一开始大家的起点是相同的，但如果其中一个人每时每刻都在努力学习，利用一切业余时间参加各种培训班、学习班，提升自己的专业技能，而另一个人则贪图安逸，浑浑噩噩地混日子，那么可想而知，随着时间的流逝，前者将会向着前方越走越远，而后者则只能随波逐流，不断后退。假以时日，两者之间便是难以跨越的天堑了。

身在职场，如果你有建功立业的野心，有腰缠万贯的梦想，那么只要能坚持不懈地去努力，就一定会有成功的机会。毕竟你的“身价”越高，就意味着你的创造财富的能力越强。陈璐就是这样一位凭借不懈努力与坚持，通过职场培训而成功的高薪职业女性。

陈璐家境一般，没有什么背景，毕业于一所普通大学的英语专业。和大多数普普通通的大学生一样，陈璐也面临着毕业即失业的困境。在屡次找工作碰壁之后，陈璐凭借着还算不错的外貌条件，在当地一家有名的外贸公司做了前台，月薪仅仅只有一千五百元。

其实，如果选择到其他公司工作，薪水至少会比现在多三分之一，但陈璐是个有野心的人，她并不甘心于一份普通又稳定的工作，而且她也相信，只要自己肯努力，必然能找到一飞冲天的机会。

前台接待的工作非常琐碎，每天除了接听及转接电话之外，还要负责收发信函，接待并引导前来公司的客户，以及为同事订午餐，等等。尽管做的都是些繁杂又没有多少技术含量的事情，但陈璐却始终没有丝毫不耐烦，把每一件事都安排得妥妥帖帖。

陈璐很清楚，前台接待吃的是“青春饭”，这个职位只是她职业规划中的一个“跳板”。她必须抓紧每一分每一秒的时间提升自己，让自己拥有足够的资本，能够提升到更高的职位。为了实现这一目标，她除了尽职尽责完成自己的分内工作之外，还利用业余时间报了英语口语培训班，力求将自己的专业技能再提升几个档次。此外，只要公司内部有培训的机会，不管多忙多累，陈璐都一定会争取去参加。

很快，陈璐就等来了那个让自己一飞冲天的机会。公司计划在香港地区成立一个驻港办事处，并决定在公司内部进行招聘，陈璐凭借着过硬的英语口语水平和业务能力，顺利通过考试，赢得了驻港办事处总经理助理的职位。

老话说得好，磨刀不误砍柴工。对于陈璐来说，她手中的“刀”就是她的英语水平和业务能力。如果没有前期投入的大量学习和培训，即使陈璐前台工作做得再好，也是无法抓住这个机会的，实现职业生涯三级跳的。毕竟能力放在那里，若没有过硬的实力，哪怕机会近在眼前，你也不可能在激烈的竞争中脱颖而出，获得最后的胜利。

那么，如何给自己的身价增值呢？

窍门一：证多不压身

不管什么领域，都有相关的技能证。有了技能证，他人才会认为你的技术过硬，你的话极具可信性。就好比我们有一笔钱，想要去理财，在不了解理财的情况下，会想到咨询理财师。如果这个理财咨询师没有能够提高自我身价的证书，那么会让人打心里觉得不能信任；如果他有着许多与投资理财相关的证书，那么就会让人不自觉地去信任。可见，技能证书是多么重要。

因此，在发展自己的第二份事业时，一定要考取相关的证书。这样你所说的话，他人才会信服，才会心甘情愿为你掏腰包。

窍门二：丰富自己的内涵，成为一个成熟稳重的人

生活中，我们对于成熟稳重的人，会本能地投入多一份的信任，也正是因为信任，才会主动地打开腰包。所以，不管从事的第二份事业是什么，都要给人一种成熟稳重感，这样才能吸引客户，留住客户。

如何变得成熟稳重呢？答案是丰富自己的内涵。而丰富自

己内涵的方式有很多，譬如多读书、外出旅行、培养兴趣特长，等等。

窍门三：抬高身价，少不了外在配置

俗话说："佛靠金装，人靠衣装。"当看到一面佛像金光闪闪时，人们会有种佛光普照的感觉，同样的，一个人如果穿得精致，就会给他人一种值得信任的感觉。对此，我们不妨翻看朋友圈中的微商，会发现他们的自拍非常精致，所使用的手机和佩戴的饰品，都向我们透露出一个信息——他们很有钱。而钱是怎么来的呢？自然是做产品赚来的。

因此，我们在做第二份事业时要在穿着、使用的产品上下功夫，只有让他人看出了商品档次，才会吸引源源不断的客户。

业余时间是创造财富的源泉

“嘿，你们听说了吗？李亚楠买了一辆宝马，我今天看到她那车了，可好看了。”中午休息时，同事赵小湘的一阵唏嘘，让枯燥而安静的办公室一下子炸开了锅。

“据我所知，李亚楠的家庭条件并不好呀，怎么会有钱买车？”

“是呀，她每个月买的东西可多了，哪里能存到钱！她该不会是中了彩票吧？”

几个同事凑在一起，你一言我一语，百思不得其解。

忽然，李亚楠的声音响起：“还是让我这个当事人来给你们解惑吧！我没有中彩票，我能买得起宝马，是因为除了本职工作外，还有另外一份小事业。”

赵小湘听后，非常疑惑，她看着李亚楠:“我们的工作那么忙，每天下班都很晚，哪里有空闲去做另外一份工作？”

李亚楠掏出手机，指着微信上刚刚收到的转账，笑着说:“中午休息的时间不就是空闲时间吗？你看，就这一会儿工夫，我就交易了好几笔订单。”

原来，李亚楠除了是公司的职员外，还有另外一个身份，就是网店的店主。李亚楠的网店并不大，主要经营农产品，譬如卖一些红薯、南瓜、鸡蛋等农产品，而这些农产品都来自她的老家。

李亚楠既是网店的老板，也是客服。只要一有时间，她就会回复客户的咨询。当订单达成后，她会让她在老家的家人给客户发货。也正是这样，她才积累了一大笔财富，年纪轻轻就买了一辆好车。

很多人在嫌自己的本职工作的薪酬低时，都会想到从事第二份工作。不管从事的第二份工作是什么，都需要花费时间与精力。所以，当忙个不停，每天下班后都筋疲力尽时，他们做斜杠青年的想法会立马被击溃。

诚然，本职工作是主职，我们不能为了第二份工作而对本职工作不负责。但是，你所从事的本职工作真的令你一点也抽不出业余的时间吗？

不可否认，有些人的工作确实很忙、很累。但再忙再累，我们肯定还是有空闲的时间的。这里的空闲时间，可以是你上下班挤地铁的时间；可以是你中午午休的时间；可以是你上下班后坐地铁的时间；可以是你睡前玩手机的时间；等等。将这些零碎的时间加在一起，那就算不得少了，况且，我们还有周末的悠闲时光。

可能，很多人会质疑，这些零碎的时间能做什么兼职呢？事实上，有很多兼职工作都是利用这些零碎的时间来完成的，譬如开网店、做微商。所以，能否成为一名斜杠青年，时间真不是问题，关键还是要看你有没有用心。

如何挤出更多的业余时间，有这样一些窍门。

窍门一：改掉做事拖拉的陋习

扪心自问一番，很多时候，你觉得自己很忙，时间不够用，是不是因为自己有着做事拖沓的坏习惯呢？明明几个小时就能做完的事，为什么要断断续续地拖上几天才完成呢？再来想一想在拖沓的时间里，都做了什么？无非是与他人闲聊，或是玩手机。

如果我们能高效率地完成工作，那么就能挤出大把的时间，将这些时间用在第二份工作上，假以时日，必然能成为一名小富婆。

窍门二：提前做好工作

按部就班去工作，虽然不慌也不忙，但却不能挤出更多的时间。倘若能提前做好规划，就能挤出大把的业余时间。譬如一名老师，如果能够提前备好接下来几天要上的课，那么就会创造出很多的空闲时间。

所以，当你的工作安排出来后，不要想着等到计划的那天再工作，可以提前将工作做完。空出来的时间，足够我们去挖掘额外的财富了。

窍门三：与同事协调工作时间

有很多的职业并不是朝九晚五制，有些是六小时制，譬如绝大多数的服务行业，都是实施两班倒，即早上八点开工，下午两点下班，下午两点开工，晚上八九点下班。如果我们和同事协调工作一天，那么第二天就能休息一天。这样一来，第二天有一整天的时间是闲暇时间，而这个时间我们可以去做第二份工作。

时间就像海绵，挤一挤，总能挤出水来。所以，没有时间从来都不是不去创造财富的理由，只是你想不想去创造财富的决心。

赚钱的奥秘——越稀缺，越值钱

买鞋一贯是范玲一家最头疼的事，因为这一家三口都是大脚。范玲的鞋码是四十一码，比一般女性要大得多，而范玲的丈夫王辉则要穿四十五码，也比一般男性要大。他们的女儿王婷婷今年才十四岁，就已经要穿三十九码的鞋，未来的鞋码会不会超过范玲还不好说呢！

众所周知，通常商场里的男鞋，最大尺码不会超过四十四码，女鞋则往往最大就到四十码。每次逛街买鞋，范玲一家基本上都是乘兴而去，败兴而归，即便买到了适合自己穿的鞋，款式也往往都不尽如人意。

最近一段时间，范玲所在单位进行了一番改革，范玲被“发配”去了一个“清水”部门，过上了清闲的“半退休”生活。

突然空闲下来之后，她萌生了一个想法，何不利用业余时间做点小生意呢？至于做什么生意，范玲立马就想到了大码的鞋子。

大脚买鞋难的经历让范玲意识到，目前市场上，特大码的鞋子还属于稀缺商品。而范玲相信，因为脚大难买鞋的人不会只有自己一家三口，虽然这部分人在人群中的比例不算大，但由于这一块市场的空白，其中的商机是不容小觑的。

有了想法之后，范玲接触了一些做外贸鞋类加工的工厂，找到了合适的货源。在店铺选址方面，由于范玲的目标客户指向非常明确，因此她并没有将店址选在租金高昂的地段，而是选择了一处交通方便，环境也不错的步行街。

在范玲的店里，售卖的全是特大码的男鞋女鞋，女鞋从四十码到四十四码，男鞋从四十四码到五十三码，品类繁多，款式齐全。很快，范玲的店铺就打出了名头，许多因为脚大而难买到合心意鞋子的顾客都成了范玲店铺的常客，只要在这里，他们就一定能找到适合自己的鞋子。

名气越来越大之后，范玲还在网上开设了网店，生意同样非常好，利润自然也十分可观。

范玲的成功最关键的一点就在于，她以精准的眼光，看到了别人非常容易忽略的市场“稀缺”地带。其他人卖鞋，考虑的是大众的脚码，对于他们来说，需要特大码或特小码的鞋的顾客始终是少数，因此在进货的时候，通常不会考虑特大码或特小码。但范玲不同，她意识到，即便这部分人所占比例不算高，但由于这一块市场的空白，使得这类商品成为稀缺商品。而稀缺就意味着值钱，越是稀缺的东西，自然就越是供不应求。

从经济学的角度来说，一件商品价格的高低，并不是由它的存量多少来决定的，也不是由它所能带给人们的使用价值高低来决定的，而是由它所带给人们的边际效用决定的。什么意思呢？以水为例，众所周知，水对于人来说，是非常重要的东西，一个人三天不喝水就可能因严重脱水而死亡。但是，因为全世界的水存量非常大，只要不是在特别缺水的地方，人们是很轻易就能得到一杯水的，因此水的价格并不高。

但如果是黄金，情况就大不一样了。一方面，黄金的储量本身就比较稀少，另一方面，黄金的开采成本非常高，因此，黄金在市场上是属于稀缺产品的，价格自然就很高。可见，俗话说“物以稀为贵”，这不是没有道理的。

赚钱也是如此，在寻求提升收入的过程中，一定要善于寻找稀缺性，只要能抓住稀缺的商机，或者让自己成为稀缺的人才，那么就能为自己建立起“垄断”的优势，迅速占领市场。就像范玲，正是因为发现了大码鞋在市场上的稀缺性，并抓住了这一商机，才创业成功的。即便后来有人模仿她，她也早已经在市场上站稳了脚跟，做出了名气，完全不用担心旁人会动摇她的市场根基。退一步讲，即便涌入市场的人过多，她也可以选择退出，去开拓新的市场，毕竟资源最丰富的第一桶金早就已经被她赚到了。

稀缺性不仅适用于商品，同样也适用于技能。比如你具备一些较为小众的技能，那么这种技能可能因为市场需求较小而难以找到可用之地，但也可能因为市场的空白缺失而成为稀缺“商品”，从而拥有很高的价值。

有人说过这样一句话：“一个人能否创造价值，决定了他是否值钱；而一个人所拥有的能力是否稀缺，则决定了他能值多少钱。”

现实生活中，很多人可能都曾抱怨过，自己明明付出了更多的努力，创造了更多的价值，可所得的收获却远远比不过那些创造价值小却稀缺的人。这其实并不难理解，你所创造的价值或许确实更多，但你并非“不可替代”的，即便换个人来接替你的工作，也同样可以创造这些价值。但稀缺性人才则不同，他们所创造的价值或许不大，但却是必需的，而且由于技能的稀缺性，想要找到能够替代他们的人并不容易。

可见，赚钱的奥秘关键就在于“稀缺性”，越稀缺，越不可取代，价值才越高。那么，如何才能成为一名稀缺性人才呢？

首先，多学习，多看书，多交流，让自己在不断吸取知识的同时，思想和思维也不断地更新换代。只有对一件事了解得越多、越透彻，我们才能从中思考出越多有价值或与众不同的东西。

其次，解放思维，学会从多个角度去思考问题。只有想到别人想不到的事情，注意到别人容易忽略的细节，我们才能从看似饱和的市场中找到“空白”，从而抓住稀缺的商机。

最后，敢于尝试，做别人不敢做的事情。无论做什么事情，最可怕的都不是失败，而是大众化。如果你总是循着别人的路线去走，做无数人做过的事情，那么你就只能泯然于众，永远把自己划在某个框架之中。只有敢于打破陈规，去尝试别人不敢尝试的东西，我们才可能成为与众不同的那一个，成为市场中的稀缺“商品”。

第五章　为保险，买准保险

——资本运作之前，请花一点点钱，
为资产找个护身符

穷人买保险，买的是关键时候的救命钱；普通人买保险，买的是意外时候的保障钱；中产阶级买保险，买的是投资理财的利益钱；富人买保险，买的是合理避税的节税钱。人生无常，你永远不知道下一秒会遭遇什么，所以，别吝啬你的钱包，未雨绸缪，人生才能从容淡然，进可攻、退可守。

有了社保，我们还需要商业险吗

最近，陈巧巧在男友的建议下给自己买了几份保险，闺密瑶瑶得知后感到很诧异，便问陈巧巧："你们单位不是帮你买社保了吗？你干吗还浪费钱自己去买保险啊？"

瑶瑶的话让陈巧巧顿时愣住了，她对保险其实没有多少了解，当初也是听从男友的建议才去买的保险。现在听瑶瑶这么一说，陈巧巧也觉得很疑惑，自己明明已经有了社保，为什么还要多此一举，再去买商业保险呢？

对于陈巧巧的疑问，男友却斩钉截铁地表示："即便有了社保，再买商业保险也没有什么冲突。况且，社保能够提供的，只是最基础的保障，如果经济条件允许，为什么不考虑将保障升级一下，让风险防范能力增强一些呢？"

在生活中，虽然人人都将社保挂在嘴上，但未必每个人都清楚地了解，社保究竟是什么。

从定义上来看，社保即是社会保险的简称，是国家为了预防和分担年老、失业、疾病、死亡等社会风险，维护社会稳定，而强制社会上大多数成员参加的，具有一定保障功能的非营利性社会安全制度。

人们常常提到的“五险”其实就是我国的社保内容，即医疗保险、养老保险、工伤“保险”、失业保险以及生育保险。

乍一看，社保的“五险”几乎涵盖了我们生活方方面面的内容，那么，如果公司已经帮我们上了社保，我们是否还需要商业保险呢？想必很多人心中对此都是有所疑问的。那么，在回答这个问题之前，我们不妨先一起来看看宋女士亲身经历的故事。

四十五岁的宋女士是一家外贸企业的中层管理人员，企业已经为其购买了“五险”。去年，宋女士感到身体健康每况愈下，便在一位朋友的建议下，通过保险公司投保了一份医疗健康类的商业保险，保额为三十万元。

就在宋女士投保的次年年初，她因突发心梗入院治疗，社保赔付了此次入院治疗所产生的大部分医疗费用。与此同时，宋女士所投保的商业保险也按照合同规定，对宋女士全额赔付了三十万元的重大疾病保险金。

宋女士和丈夫在很久之前就已经协议离婚，并且独自抚养儿子长大，一直没有再婚。儿子今年刚刚大学毕业，在经济上还没有完全实现独立。因为这场大病，宋女士在出院之后很长一段时间都不能继续工作，并且还需要花费不少医药费和营养费来调养身体。虽然有一定的存款，但很显然，这些花费还是给宋女士带来了巨大的经济压力，而社保的赔付仅仅只够支付前期的医疗费用。这个时候，商业保险赔付的三十万元对于宋女士来说无异于雪中送炭，这笔钱大大缓解了宋女士的经济压力，帮助她顺利度过了这次困境。

从宋女士的亲身经历中就能看到，商业保险与社会保险之间并没有什么冲突，或者说，社会保险是最基础的保障，而商业保险则能成为它的补充和升级，并能够在一定程度上帮助投保人提高对风险的防范力度。

而且，即便是同类型的保险，商业保险和社会保险之间也是存在诸多差异的，二者并不能相互替代。就以我们最熟悉也最实用的医疗保险为例，商业保险中涉及医疗健康这一块的保险有很多种，比如重大疾病保险、住院医疗保险、意外医疗保险，等等。虽然这些商业保险和社会保险中的医疗保险一样，都属于医疗健康类险种，但在具体的报销赔付中，它们是有很多不同的。

差异一：赔付比例不同

众所周知，社保为人们提供的，只是最基础的保障，因此，在报销医疗费用时，社保只能赔付其中的一部分，像很多贵价的进口药，基本上都是不在赔付范围之内的。商业保险则不同，其赔付比例往往要比社保高得多。比如重大疾病保险，投保人只要一经确诊为合同赔付范围内的重大疾病，保险公司就会根据合同规定的具体保险金额来进行赔付。通常情况下，如果投保人既购买了社保的医疗保险，又同时投保了相关的商业保险，那么二者的保险金额总和是完全可以负担起所有医疗费用的。

差异二：赔付范围不同

在赔付范围方面，社保与商业保险也有着较大的区别。比如一些普通意外所造成的身故，往往就不属于社保医疗保险的赔付范围。而商业保险则不然，它的赔付范围完全由合同的规定所决定，这一点投保人在购买保险的时候就应了解清楚。

差异三：赔付时间不同

从赔付时间来说，社保的赔付通常是在投保人出院之后，根据发票来进行赔付的，而商业保险则是在医院确诊病情之后，投保人就可凭借医院的诊断证明，直接向保险公司发起理赔。事实一经确认后，保险公司就会按照合同约定的保额对投保人进行赔付。

差异四：赔付金额不同

如果投保人意外身故，那么社保通常只负责给付社保中个人账户的钱、丧葬费以及抚恤金，没有其他补偿。而商业保险所赔付的金额，则是按照投保人在投保时所选择的保险额度进行赔偿的。简单来说就是，商业保险的保额是由投保人自行选择的。

社会保险与商业保险之间是相互补充，相辅相成的，所以，如果经济条件允许的话，在上社保的同时，不妨根据自己的实际情况和需求，选择购买一些商业保险来作为补充。人生无常，能够在条件允许的情况下，给自己多加一重保障，不仅是对自己负责，同时也是对爱人与家人负责。

好话坏说：保险也许就是救命钱

人这一生，最难掌控的就是风险，你永远不知道下一秒命运会给你带来怎样的惊喜或惊吓。而保险就相当于命运的一把保护伞，当你平安无事时，它看上去似乎并没有什么用，但若你遭逢意外，那么它将会成为守护你的最后一道屏障！

和时下年轻人不同，谭薇是个非常具有风险意识的人，当周围朋友大多还在把钱都花在吃喝玩乐上的时候，她就已经给自己买了好几份保险。很多朋友都觉得很诧异，明明单位已经提供了五险一金，为什么她还要浪费钱再去买保险呢？

面对朋友们的疑问，谭薇说道："人生无常，谁能确保自己一辈子顺顺当当，不会发生任何意外呢？当我们的生命、财产、健康等受到危害的时候，保险或许就是救命钱，是帮助我们重新站起来的关键。”

谭薇之所以会有这样的感慨，是因为在她的学生时代，就曾目睹一位亲戚因身患重疾而拖垮了一个家庭。最后，病虽然治好了，亲戚却因此欠下一屁股债，日子过得非常艰辛。那时候，谭薇就在想，如果他们买了保险，那么情况是不是就会完全不同了呢？

现在，像谭薇这样具有较强风险意识的年轻人其实并不多，他们总觉得，疾病和意外离自己很遥远，与其把钱浪费在买保险上，还不如拿去投资或享乐呢！这种想法其实是非常危险的。在现实生活中，有太多的人，辛辛苦苦攒了一辈子的钱，最后却因为一场灾祸或疾病，陷入了倾家荡产的境地。一份保险或许不便宜，但在关键时刻，这笔保险金却可能成为你的救命钱。

三十五岁的严女士是一名小说家，身体一直很健康，但工作压力比较大，经常因为赶稿熬夜工作，导致生活作息不是很规律。

六年前，严女士在朋友的劝说下，先后在某保险公司投保了三份重大疾病险。今年八月份的时候，严女士在体检中检查出了子宫病变的症状，在医生建议下，严女士进行了子宫锥切术及病理检查，最终确认是宫颈癌。

严女士很快在医生安排下入院治疗。经朋友提醒，严女士回忆起自己曾经买过三份重大疾病险，于是立刻与保险公司取得了联络，将情况上报。十月份，严女士办理完出院手续之后，将理赔资料提交给了保险公司，并正式提出理赔申请。十四天后，严女士接到理赔人员的电话，告知她保险公司已经将三十五万六千三百元的保险赔偿金一次性打入严女士的账户。

确认完到账情况之后，严女士心中感慨万千。之前买保险的时候，她原本只是想着给朋友一个面子，却没料到，不足三万块的保险费，竟给她换来了三十五万余元的保障，大大减轻了她的经济压力，也让她能够在后续的治疗中选择更好的方案。

这世上，有人把日子过得大起大落，如同赌徒一般，赢的时候便是凯歌高唱，一旦输了便跌落谷底；当然也有人能未雨绸缪，在赚钱的同时，有计划地规划着自己的钱财与未来，先一步在人生的道路上插满“护身符”，这些“护身符”或许一直用不上，但也许就在某些关键的时刻，成为我们的救命法宝。保险正是这一道道人生路上的“护身符”。故而，具有风险意识的人都明白，保险不是花钱，而是关键时刻的救命钱！

那么，现在，让我们一起来回答一下这个问题：我们究竟为什么需要买保险？

理由一：保险能够帮助我们最大可能地规避人生三大忧患

人生有三大忧患：一是疾病缠身；二是意外事故；三是老无所依。

当我们疾病缠身的时候，面临的最大问题往往不是能不能治好，而是有没有钱去治。在现实生活中，有多少家庭不是被巨额的医疗费用一点点拖垮的？这时，如果我们已经未雨绸缪地为自己的健康买过保险，那么这些保险赔偿金，就是我们治病的救命钱，更是拯救我们的家庭于泥沼之中的救命钱。

若我们在人生的道路上不幸遭逢意外，撒手人寰，那么一张保单就可能成为帮助我们继续守护家人的重要倚仗。它虽然无法抹平伤痛，但至少能在经济方面给我们带来一些安慰，留爱不留债。

哪怕平安一世，谁也躲不过老年的到来。若我们早已经为自己的老年生活买过保险，那么子孙孝顺时，我们不会成为拖累；老无所依时，至少也能养活自己。

理由二：保险可以作为我们给子女的教育基金

在养育孩子的各项支出中，教育占比很大。买保险可以帮助我们提前为子女准备足以支持他们完成高等教育或留学的资金，哪怕中途出现什么意外状况，至少也能确保孩子的教育不会因资金的匮乏而落下，从而影响孩子的一生。

理由三：保险在一定程度上能够帮助我们安度晚年

随着医疗水平的提高，人的平均寿命也在不断延长，而退休之后的晚年生活则成为每个人都最为担心的问题。步入老年阶段之后，我们身体的各项机能都会逐渐下降，尤其是在失去赚钱能力之后，如何维持现有生活水准，保持经济独立和个人自尊就成为一个难题。但有了保险的帮助，我们完全可以在年富力强时就为自己提前积累资金，以确保自己能够安享晚年，而不是把命运寄托于其他人身上。

理由四：保险可以成为积累财富以及合理避债的工具

俗话说："挣钱如捉鬼，花钱如流水。"对于大多数人来说，控制消费都不是一件容易的事。而保险可以看作是强制储蓄的一种方式，也可以说是一种投资理财。此外，保险还有合理避债的功能，尤其对那些做生意的人来说，保险既能分担风险，应付突发意外，又能给他们留一条后路，万一日后生意失败，也能拥有东山再起的资本。

不同年龄，要给自己不同保障

张然，二十五岁，职场新人一枚，初步实现经济独立，收入不高，自身可支配的流动资金有限。由于还未结婚，所以对于他来说，最需要注意的，是自身的健康问题，以及生活中可能会遭遇的风险及意外。因此，他给自己购买的保险险种主要为医疗险和意外险。

罗晶晶，三十六岁，企业高管，收入较高。作为一名职场女强人，罗晶晶既要照顾家庭，又要兼顾工作，一直承受着巨大的压力。随着年龄的增长，她的身体陷入了亚健康状态。在这样的情况下，罗晶晶最需要的是一份高额的医疗险。此外，她还为自己购买了较大保额的意外险、重疾险和寿险，既是对自身的保障，更是为家人留下一份保障。

秦芳，四十五岁，女儿刚刚步入社会，初步实现经济独立。对于秦芳来说，女儿的独立意味着她终于可以初步卸下抚养子女的责任了。此时的她已经不再年轻，身体的各项机能正逐渐下降，各种小毛病也都相继显露出来。那么对于她来说，最值得关注的就是健康问题，以及未来的养老安排。因此，在购买保险的时候，秦芳的关注点主要集中在医疗险、重疾险和商业养老保险这几类险种上。

人生的每一个阶段，由于自身情况和所处环境的不同，我们所面临的问题和需要规避的风险也都是不同的。而购买保险，最主要的目的就是规避风险，给生活添一重保障。因此，为了让保险发挥出最大的效用，在不同的人生阶段，我们每个人所需要的保险类别也是不尽相同的。那么，我们如何确定什么类型的保险适合这一阶段的自己呢？

众所周知，保险所能带给我们最直观的帮助，就是金钱方面的帮助。因此，在考虑自己究竟适合买哪些保险的时候，我们应该主要从财务方面去考虑。概括地说，一个人从步入社会，到年老身故，可以大致分为四个不同的财务阶段。而在不同的财务阶段，适合我们的投资策略与保险规划也是有所不同的。

第一阶段：单身一族的财富积累阶段

通常来说，我们把年龄在二十到三十岁之间的年轻人所处的阶段归类于第一阶段。这一阶段的年轻人大多刚刚步入社会，工作还未稳定，收入也不高。

对于这一阶段的年轻人来说，首要任务就是进行财富的积累。这个年龄段的人大多都还没有步入婚姻，可能是单身，也可能正在进行一段恋爱，家庭方面一般不会有什么负担。在这个阶段，青春就是最大的倚仗，未来有着无限可能，发展空间非常广大。这可以说是我们生命周期中风险承受能力最大的时期了，因为年轻，所以不惧失败，大不了从头再来。可以说，这个时期正是最适合用来拼搏事业的时期，同时也是最具冒险精神的时期。

因此，处于这一阶段的时候，我们最需要规避的风险，主要是因发生意外事故或重大疾病而造成的财富大幅度损失。故而，在这个时期购买保险的时候，不妨优先考虑重疾险和意外险类型的险种。

第二阶段：步入中年的财富巩固阶段

我们通常把年龄在三十到四十五岁的阶段归类于第二阶段。

处于这一阶段的人，通常工作已经稳定下来，收入也较第一阶段有所提高，且应该已经有了一定的财富积累。因此，处于该阶段的人们，首要任务就是巩固自己的财富。

处于第二阶段的人在职场上还具备一定的晋升空间，财富的积累也还没有达到最高峰。但与此同时，这个年龄段的人们大多已经步入婚姻，因此家庭负担也会逐步加重，对风险的承担能力相较于第一阶段有所下降，但毕竟拥有一定的财富积累，因此依然还是会更倾向于去做一些风险较高、回报也较高的投资，比如基金、股票等。

在保险方面，处于第二阶段的人们可以考虑适度加大意外险和重疾险类险种的保额，此外，也可以考虑购买一些投资类的险种，比如万能险、投连险以及养老保险等。

第三阶段：临近退休的财富消费阶段

年龄从四十五到五十五岁我们归类为第三阶段。在这个阶段，人们的财富积累已经基本上达到了巅峰，子女也都相继成人，家庭负担也开始减轻。而且，随着年纪的增长，这一阶段的人们也开始进入了退休倒计时。

在这一阶段，无论是从年龄还是从财务需求的角度来看，人们对风险的承受力和主动冒险的意愿都有明显下降。尤其是进行理财投资的时候，这一阶段的投资者通常都会下调高风险投资产品所占的比例，一切投资以稳妥为主。至于保险方面，除了最基础的医疗险、疾病险、寿险等险种之外，往往会更多地考虑即将面临的养老问题。

第四阶段：安度晚年的财富馈赠阶段

五十五岁以后，人们就进入了第四阶段。这一阶段的人们已经步入了退休生活，财富积累的速度和能力都明显下降，甚至趋近于零。相应地，此时的她们几乎不再需要承担任何家庭负担，只需要负责维持好自己的生活即可。

人生步入这一阶段之后，就相当于进入了生命周期的末期，人们通常也不会再生出什么雄心壮志了，能够安度晚年就已经是最好的结果。如果要进行投资的话，投资者往往会更青睐于那些低风险的投资项目。至于保险，则会更关注医疗健康类的保险，以及养老金的收入问题。

买好分红险，就能多挣几倍钱

蔡女士是某企业的财务经理，因为工作关系，她对财经类的消息非常关注，业余时间也一直在坚持投资理财。之前市场行情还算不错的时候，蔡女士主要投资的是基金和股票。但随着资本市场不断震荡，蔡女士渐渐觉得，基金和股票投资的风险还是比较大，而且自己还要工作，也没办法抽出太多时间一直关注市场动向，于是便决定，暂时退出股市，寻找更省心且风险更低的投资产品。

后来，有朋友向蔡女士推荐了分红险的投资，蔡女士抱着试一试的心态，投资了十万元购买分红险。之后，保险公司每年都会给蔡女士一笔可观的分红，到现在，蔡女士投资十万元获得的分红已经累积到了十五万元左右。更重要的是，和基金、股票不同，投资分红险之后，蔡女士完全不需要自己去操心，只要坐等分红就可以了！

分红险是人寿保险下投资型保险的一个分支，很多人对这一险种可能觉得很陌生。一般来说，提到保险，大家率先想到的，不外乎就是对人身或财产等的保障功能。但其实，保险同样可以作为投资的一种，即投资型保险。

投资型保险与传统型保险最大的区别就在于，前者将投资的选择权和风险转嫁给了投保人。简单来说，如果投保人选择了投资型保险，那么就相当于要与保险公司共担风险，与此同时，收益自然也是共享的。

分红险是现在很受欢迎的一种新型人寿保险产品，投资分红险的投保者相当于在获得人寿保险的同时，还能获得一份由保险公司实际经营所得的盈余按照一定比例进行分配后给予保单持有者的红利，也就是分红。

一直以来，很多人之所以不喜欢买保险，就是觉得买保险似乎是件很“亏”的事，毕竟只要不发生意外，人们就很难切身体会到保险的价值。但近些年，随着投资型保险的出现，保险除了能够为人们提供一份保障之外，还拥有了储蓄的功能。尤其是对投资分红险的投保者来说，只要保险公司经营顺利，就能从中获得较高的红利。而且，通常来说，投资分红险所获得红利，普遍都要比同时期的银行存款所得利息高得多。因此，近些年来，分红险受到了越来越多投保人的欢迎。

需要注意的是，虽然投资分红险有种种好处，但相应的，它的投保费用也要比传统型的保险产品高得多。而且，分红险的收益率主要是由保险公司的实际经营状况所决定的。保险公司经营得越好，投保人能得到的红利就越高，但若是保险公司的经营出现问题，那么投保人同样可能面临财产损失。因此，在选择投资分红险的时候，投保人一定要慎重，最好能深入调查一下保险公司的经营概况，以免自己的利益受到损害。

另外，很多人或许都不清楚，分红险其实还有一大福利，那就是当投保人在投资分红险之后，如果遭遇紧急状况需要资金，那么是可以以保单的现金价值申请借款的，并不需要中途退保。

除了分红险之外，市场上常见的投资型保险还有万能寿险和投资连结险。这两种投资型保险和分红险一样，除了相较于其他投资项目来说风险较低之外，也能在保障投保人生命财产安全的同时，给投保人带来可观的收益。

先说万能寿险。早在 2005 年，万能寿险就已经在全国热卖。

到了 2006 年，由于央行加息，再加上保险公司的大力推动，万能寿险又一次迎来了销售高潮。那么，万能寿险究竟是什么呢？

万能寿险是一种包含保险保障功能，并且至少在一个投资账户中拥有一定资产价值的人身保险产品。该保险除了具备传统寿险的保障功能之外，还能让投保人直接参与由保险公司为投保人创建的投资账户里的资金投资活动。

万能寿险的“万能”主要体现在：投保人在投资万能寿险之后，完全可以根据自己所处的人生阶段和实际保障需求以及经济状况，自由调整现有的保额、保费以及缴费期限等。故而，万能寿险可以说是投资型保险中最灵活的一种保险形式。

万能寿险是一种长线投资，投资这一保险，投保人必须有足够的耐性去等待回报。因为按照一般状况，万能寿险的投资至少要在七年之后才能真正获得回报。此外，需要注意的是，只有当万能寿险的投资账户收益率超过百分之四时，投资这一保险产品的实际收益率才能勉强赶上银行定期储蓄以及货币市场基金等理财产品。

虽然相比其他理财产品，万能寿险的投资回报不算出色，且要在很长一段时间之后才能显现出来，但由于其在具备保障功能的同时，又有保底收益，因此，依然有不少人会选择万能寿险来作为家庭的长期理财产品之一。

投资连结险通常被称为“投连险”，而它的正式名称其实应该是“变额寿险”。该保险与分红险和万能寿险最大的区别就在于，它的所有收益和损失都是由投保人自行承担的，保险公司不承诺投资回报。

投保人在购买投连险的时候，所支付给保险公司的保险费用实际上是分成两个部分的，一部分用于保障，一部分用于投资，二者相互独立，管理透明。投连险具有很高的灵活性，可以同时具有数个风险程度不同的账户，投保人可根据实际需要自行选择。需要注意的是，进入投资账户中的资金，盈亏都是由投保人自己负责的。因此，如果投保人不愿承担过大的投资风险，那么在选择账户时，不妨考虑银行债权类账户或者大额现金类账户。

投连险是一种适合长线投资的保险，不管是在投保时还是退保时，投保人都需要向保险公司缴纳一笔不小的费用。因此，如果投资时限在五年以下，那么是不建议购买投连险的。

众所周知，传统型的保险主要功能就是为我们的生命财产安全提供保障，因此并不存在返还保费一说，而投保人需要缴纳的保险费用也不会太高。但投资型保险不同，它集保障与投资于一身，投资人在购买投资型保险之后，不仅能获得传统保险的保障功能，同时还能兼具投资收益。因此，相比传统型保险，投资型保险的保费也要更高一些。而且，既然是投资，那么就必然有损失的可能。

所以，虽然投资型保险的收益听上去十分诱人，但也并不是所有人都适合的。如果没有一定的经济基础，那么投保人未必能承担投资型保险的资金投入。买保险，还是应当根据自己的实际情况进行选择，最适合自己的，才是最好的。

都说理赔难，是你合同没有认真签

龙小姐最近遭遇了一件倒霉事。

她之前购买的车险，按照合同签订日期，在 2019 年 8 月 31 日 24 时就正式宣告结束了。在此之前，其实已经有业务人员多次致电联系龙小姐，催促她去办理相关的车险续保业务。那段时间，龙小姐恰好在外地出差，无法立刻去保险公司续保。但她不是很着急，毕竟还有好几天，等出差结束之后再去续保也完全来得及。

可没想到，因为供货的厂商出了问题，这一来二去一耽搁，龙小姐出差的日子又往后拖了几天。一直到 9 月 1 日，龙小姐才回到家，想起自己的车险续保业务还没有办理。好在时间也不晚，龙小姐放好行李就立即开车去了保险公司。

办理完续保手续之后，龙小姐才刚把车开出保险公司，就在街角和一辆公交车相撞了。幸好大家车速都不快，事故也没有造成人员受伤。龙小姐赶紧打电话给保险公司上报情况，可没想到，业务人员却直接告诉龙小姐，事故发生的时候，她的车子并没有投保，因此保险公司不会承担她的损失。

龙小姐大为吃惊，和业务员理论了很久，这才发现，原来她之前在保险公司签的车险保单，是次日才生效的。也就是说，在 8 月 31 日 24 时，她的上一份车险已经正式到期了，而她所投保的下一份车险，是要在 9 月 2 日 0 时才会正式生效的。而发生撞车事故的 9 月 1 日这天，她的车子正处于“脱保”状态，是没有任何保险的。

在现实生活中，一提到保险，我们总能听到有人感叹说“投保容易理赔难”。不可否认，确实有一些保险业务员为了业绩，会通过一些语言陷阱来诱导投保人购买保险，也确实有一些不正规的保险公司会在理赔过程中故意设下“陷阱”，拒绝投保人的索赔。

但同样也存在很多像龙小姐这样的投保人，在购买保险时，因为缺乏耐性没有仔细阅读了解各项保险条款，对业务员提到的注意事项也不够重视，以致于一不小心就因为违规操作而导致自己的利益受损。

其实，不管是保险公司方面设下的“陷阱”，还是由于投保人个人的疏忽所造成的“理赔难”，都是我们在投保过程中可以规避的，只要认真阅读合同条款，把每一个环节都做到位，白纸黑字的合同就是我们最好的保障。

保险理赔并不难，我们只要认真签合同，吃透每一个细则条款，就一定能将理赔进行到底。当然，需要注意的是，在进行保险理赔的时候，保险公司方面可能会出现一些“霸王行为”。这种时候我们一定要沉住气，不要掉入保险公司设下的“陷阱”中，只要一切都按照规章制度走，即便是保险公司也拿我们没办法。那么，在理赔过程中，有哪些事情是需要我们特别留心，谨慎规避的呢？

注意一：保留一切理赔相关的原始资料

在事故发生之后，投保人一定要保留好所有相关的原始资料，这些都将成为日后与保险公司交涉赔偿问题时的重要证据。当投保人与保险公司无法就赔偿问题达成一致时，千万不要轻易把手中的原始资料交给保险公司，以免对方扣下甚至毁坏证据。

注意二：上交资料给保险公司时一定要留下凭证

在索赔过程中，投保人上交给保险公司的一切资料都要留下凭证，比如可以要求保险公司打收条等，最好能在收条上加盖公司的公章。即便当下不方便，事后投保人也一定要记得补办好手续，否则资料一旦出现问题，投保人就只能自己吃下这个“暗亏”了。

需要注意的是，在事故发生后，投保人致电保险公司报案时，即使遭到接线员的拒赔，也一定坚持要求对方先办理立案登记，投保人自己也要记得保留下已经第一时间向保险公司报案的证据，这些细节若是有所疏漏，很可能会影响到之后的索赔。

注意三：签署任何东西都要先确认清楚条款

在索赔的过程中，投保人往往需要签署很多文件，比如领取赔偿款的收据等。这虽然是很正常的环节，但不排除保险公司方面会利用投保人的疏忽，擅自在其中添加一些不利于投保人的条件。因此，为了避免此类事件的发生，签署任何文件之前，投保人都一定要先把条款确认清楚。尤其是在赔偿问题有所争议时，投保人一定要耐住性子，小心谨慎，以免被保险公司“算计”而损害自己的利益。

注意四：留心索赔申请中的语言禁忌

语言、文字都是非常容易引起歧义的，在与保险公司交涉赔偿问题的时候，投保人一定要注意自己的语言表达，以免被对方抓住漏洞，反戈一击。

比如在索赔声明中，我们应尽量做到客观陈述事实，避免出现一些主观性较强的表达，如“我以为”“我觉得”这样充满了主观臆测的表达方式，就一定不能出现在索赔声明中，否则很容易就会成为对方推迟甚至取消赔偿的把柄。

在提交证据时，如果遇到不能百分百肯定的内容，最好不要轻易开口，否则很可能给自己找麻烦。以遭遇车祸为例，如果你没有经过核实，就在提交索赔申请的报告中描述，说在遭遇车祸前你的车速是每小时三十公里，而之后警方提交的证据却表明，当时车速至少达到了每小时五十公里，那么保险公司方面很可能会借题发难，以你谎报情况为由，推迟甚至是取消保险赔偿。

如果你无法确定一些问题，那么宁可直接回答说“不知道”，也千万不要擅自进行任何猜测。尤其是当与你谈话的人打算记录下交谈内容的时候，一定要谨慎小心，不要说出容易引起非议的话，同时也要小心对方断章取义，故意曲解你的意思。

此外，在房屋保险的索赔中，有一个禁忌是很多人都容易忽略的，那就是“水淹”。通常来说，在标准的房屋保险中，“水淹”并不在保险范畴之内。所以，如果你发现自己的房屋因为水管爆裂而被水淹时，在索赔声明中，应该描述为是因为“水管爆裂”而造成的损失，千万不要提“被水淹”。因为在保险细则中，水管爆裂问题通常是属于保险范畴之内的，但“水淹”却不是。

怎样买保险，才能真保险

今年 8 月 5 日，刘女士和丈夫一起到某人寿保险公司投保了终身寿险，并按照合同缴纳了第一期的保险费用。当时，刘女士投保的保险额度为一百万元，刘女士丈夫投保的保险额度为五十万元。

8 月 11 日，刘女士和丈夫按照计划前往甘肃探访友人，结果不幸遭遇车祸，夫妻二人均当场去世。刘女士的父亲和其丈夫的父母均已过世多年，家中仅剩刘女士年迈的母亲，以及他们三岁的女儿。

接到噩耗之后，刘母悲痛欲绝，为了照顾年幼的小孙女，不得不打起精神。8 月 20 日，刘母带着小孙女和女儿、女婿留下的两张保险费用缴费凭据前往保险公司，提出了一百五十万元的全额索赔。

保险公司在接到报案之后，经过多方核实，拒绝了刘母的索赔要求。保险公司告知刘母，刘女士和丈夫在参保时还未进行体检，因此按照规定，刘女士和其丈夫所投保的保险合同还未正式成立，在这种情况之下，保险公司是可以拒绝赔付的。但鉴于此次事件比较特殊，保险公司方面可以按照不需体检的最高保额来进行赔付。

保险公司的回应让刘母非常生气，她认为，既然保险公司已经收取了第一期的保费，那么就意味着合同已经生效了。而且，从刘女士和丈夫缴纳保险费用到二人死亡，之间已经过了五天，这五天里，保险公司并未在投保单的核保栏目下方标明要拒保或者延期。既然如此，那么按照保险公司的惯例，说明保险公司方面已经默认承保了，这两张保单均是有效的，必须按照合同约定给予全额赔付。

最终，由于无法达成共识，刘母把保险公司告上了法庭。

我们之所以买保险，为的就是提升风险防范能力，在意外降临时更好地减轻危害，守护家庭。但在现实生活中，一提及“保险”二字，很多人都会流露出抵制的态度。之所以会出现这样的状况，是因为在我们身边，类似刘母这样的情况并不少见。

因为种种意外或操作不当，很多投保人的保单都留下了一些“瑕疵”，一旦投保人遭遇意外，在索赔过程中，这些“瑕疵”就成为保险公司压缩赔付额度的“依据”。

“理赔难”的状况就是这样造成的，这样的结果不仅损害了投保人的利益，从某种程度上来说，其实也对保险公司的声誉造成了影响。故而，为了避免这样的状况发生，在买保险时，我们一定要注意，不要留下任何“瑕疵”或把柄。

那么，为了让保险买得更“保险”，让理赔变得更简单，有哪些问题是需要我们注意的呢？

通常来说，保险买得究竟保不保险，关键还在于理赔是否顺利。既然问题集中在了理赔环节，那么，为了确保这一环节能顺利进行，有两方面的问题是我们必须掌握的：一是构成理赔的基本要素是哪些；二是可能导致“理赔难”的问题的原因有哪些。

先来看第一点，构成理赔的基本要素。

要素一：理赔种类

理赔的种类有两种：赔偿和给付。赔偿主要针对的是财产保险，而给付针对的则是人身保险。一般来说，财产的损失是比较容易定损的，且很少会出现分歧，毕竟所有东西几乎都有一个可供参考的市场价格。但人的身体和生命安全就很难拿出一个可用金钱衡量的标准，因此，人身保险在出险时，通常都是按照保单约定的额度来给付保险金的。

要素二：理赔程序

正常的理赔程序包括立案检验、审查单证、审核责任、核算损失、损余处理、保险公司支付赔款，以及保险公司行使代位求偿权利等过程。

要素三：理赔时效

保险的索赔是有时效性的，如果超过有效时间，那么保险公司方面将会自动认为投保人放弃索赔权。因此，在此处特别强调，在事故发生之后，一定要第一时间向保险公司报案，即便对情况有争议，也要先保留报案的证据。

不同的险种，理赔的时效性也会有所区别，比如人寿保险索赔时效通常为五年，其他保险的索赔时效则通常不超过两年。此外，索赔时效的计算通常是从投保人或受益人得知事故发生的那天开始的。

要素四：理赔原则

为了确保理赔过程中不犯错，投保人一定要牢记以下原则：重合同，守信用；坚持实事求是；主动，迅速，准确，合理。

要素五：所需材料

在理赔过程中，投保人或受益人需要向保险公司提供的材料主要包括：保险单或保险凭证原件、已缴纳保险费的凭证、有关能证明保险标的或当事人身份的原件、索赔清单、出险检验证明、其他保险合同条款规定应当提供的文件。

要素六：纠纷处理

在理赔过程中发生纠纷时，通常有三种处理方式：协商和解、第三方仲裁、司法诉讼。

协商和解很容易理解，就是保险公司和投保方就具体赔付事宜进行商讨和谈判。第三方仲裁指的是，由双方一致同意后，将争议问题交给双方都认可的第三方进行仲裁。需要注意的是，负责仲裁的第三方只负责给出结果，不负责调解工作。若是以上两种方式均不能让人满意，那么就只能走最后一步，即司法诉讼，把一切问题都交由法律来决定。

掌握了理赔的基本要素，那么接下来，我们就一起来了解一下，造成“理赔难”的原因通常都有哪些。

问题一：无效签名

根据《保险法》规定，以死亡为给付保险金条件的保险合同，必须经过被保险人的书面同意和保额认可，合同方能生效。有的投保人就是因为不注意这个问题，所以才会在买保险的时候，为了图方便，直接“代签”，结果导致合同无效，理赔失败。

问题二：隐瞒病史

在保险理赔纠纷中，病史纠纷可以说是最为常见的一种情况了。造成这种情况的原因可能有两种：一是投保人主动隐瞒；二是代理方故意误导。

如果是投保人主动隐瞒病史，那么在理赔过程中，保险公司是有权利直接拒绝理赔的；但如果问题出在代理方身上，那么一切损失自然都应该由保险公司来承担。只不过，在如何界定代理人究竟有没有“误导”投保人这一点儿上，是很难举证的。

问题三：定损分歧

定损分歧最常发生在车险理赔上。因为无论是定损还是赔付，都是由保险公司方来做的，所以有的事主难免会产生怀疑，认为保险公司可能会故意压缩赔付金额。发生定损分歧之后，可以通过调解委员会来重新勘察定损，当然，如果有需要，事主也可以自己找保险评估公司进行定损。

第六章　做定投，滚大雪球

——摸准基金曲线方向，轻松跑赢通货膨胀

对于投资“菜鸟”来说，有什么比借专家的手来赚自己的钱更聪明的呢？要知道，在投资理财界，基金定投被称为“懒人理财”，它具有投资起点低、方式简单、风险较小等特点，非常适合用来作为投资新手们的“练手之作”。只要能够摸准基金曲线的方向，跑赢通货膨胀不是梦！

基金定投，借专家的手，滚你的雪球

世界著名的摩根富林明投资公司曾做过一项调查，结果显示，大约有百分之三十的投资者在进行投资时选择了定额投资基金的方式；而在三十到四十五岁的女性投资者中，有百分之四十六的投资者选择了这种投资方式。此外，在投资者对投资工具满意度的调查中，结果显示，投资者对定期定额投资基金的满意度高达百分之五十四点二。

可见，大多数投资者对基金定投这种波动性较低的稳定增值型投资方式是非常青睐的。颜菲目前就是采用这种方式进行投资。

一开始的时候，颜菲并不了解基金，只知道股票投资。因为风险太大，加上工作又比较忙，颜菲从来没想过去炒股。后来听到身边的朋友议论，说自己的基金投资收益不错，勾起了颜菲的好奇心，颜菲这才逐渐了解了基金投资。

相比起股票，基金要更加稳健一些。而且，基金投资主要是由基金公司通过基金单位，集中投资者的资金，由专业的基金托管人进行托管和运作，进行股票、债券等金融投资，并与投资人共担风险、分享收益的一种理财方式。换言之，基金就相当于是借专家的手，来帮助我们“滚雪球”。因此，通常情况下，基金投资的风险要比股票投资小得多，但其利润又要远远超过银行储蓄。

了解了基金投资的情况后，颜菲便到家附近的银行办理了基金定投投资协议，并与银行约定好，每月的8日从自己银行卡上自动转一千元定期定额投资某项基金，投资期限为两年。银行方面告知颜菲，在投资期间，她随时可以根据实际情况选择是否进行续投。

基金投资的方式一般有两种，除了颜菲使用的定期定额投资之外，还有一种则是单笔投资。如果你是像颜菲一样没有什么投资经验，资金也不是太多的投资者，那么定期定额投资基金无疑是最适合你的投资方式。

为什么这么说呢？相比其他投资，基金定投的优势主要体现在哪里？

首先，基金定投的投资方式可以帮助投资者聚集小钱。很多人应该都有这样的体会，明明没买什么，手中的闲钱却总是不知不觉就消费掉了。但如果你选择基金定投，每隔一段时间，就会有一笔闲钱自动被拿去投资，久而久之，就能积累起一笔可观的财富。

其次，自动扣款的投资方式方便快捷，省去了投资者许多麻烦的操作。投资者只要到基金代销机构办理一次性的手续，就可以高枕无忧，坐等投资收益，十分方便。

最后，平均化的投资有效分散了风险。基金定投是按每期进行投入的，这样的投资方式可以有效分散一次性大额投资所带来的风险，更方便投资者进行操控。

既然了解了基金定投的优势，那么不妨一起来看看，基金定投究竟更适合哪些投资者？

第一类投资者：缺乏经验的投资“菜鸟”

基金定投可以说是一种非常好的“入门型”投资方式，很适合那些对财经知识一知半解，缺乏投资经验的“菜鸟”。一方面，基金定投的投资成本相对比较少；另一方面，它有更为专业的人士进行管理操作，不需要投资者自己去苦盯股市大盘。

第二类投资者：领固定工资的“工薪族”

大部分每月领固定工资的“工薪族”，除去日常花销之后，每个月的余钱都是相当有限的，这种情况下，如果想要进行投资，那么基金定投无疑是最合适的投资方式。在不影响生活质量的前提下，实现投资理财的计划，何乐而不为？

第三类投资者：花钱大手大脚的“月光族”

如果你是赚多少就花多少的“月光族”，那么不妨试试这种“强制”投资的理财方式吧，相信它会为你带来不小的收益和惊喜。需要注意的是，约定扣款日期的选择，最好定在发完工资之后的几天内，以免自己一不小心又消费干净了。

第四类投资者：有耐心的长期投资者

基金定投是一种长期的投资行为，它的诸多优势需要在一个长期的投资环境中才能体现出来。因此，只有具备足够的耐心、恒心与信心，并做好长期投资准备的投资者，才能真正从中获得莫大的好处。如果抱着急功近利的心态，那么你是绝对不适合基金定投的。

第五类投资者：不想承担太大风险的投资者

对于那些心理承受能力较差，不想承担太大投资风险，但又不甘心看着手中钞票不断贬值的投资者来说，基金定投无疑是最适合的投资方式。虽然它不能在短期内给投资者带来较大的收益，但相比股票投资，它要更加安全稳健。

此外，需要注意的是，在选择基金作为定投对象时，除了要考虑基金累计净值增长率和基金分红比例之外，还需要注意基金波动性的大小。任何投资风险与收益都是成正比的，基金自然也不例外。通常来说，那些波动性相对较大的基金，风险自然相对也较大，但反弹时的收益也是相对较大的；而那些波动性相对较小的基金，通常绩效都比较稳定，因此风险较小的同时，收益自然也比较有限。

如果你的理财目标是长期的，如超过五年以上，那么不妨考虑波动性较大的基金，这类基金能为你带来比较高的长期回报率。但如果你只想进行短期投资，那么最好还是选择波动性较小的基金。当然，具体情况还是得具体分析，选择最适合自己的投资，才是最好的投资。

作为理财新手，“投基”的路要怎么走

“如果能有专业人士或专业机构来帮助我们投资，那该有多好啊！”看着自己那一片惨淡的股票，陆琴一阵哀号。

闺密琳琳听到陆琴的话，笑嘻嘻地凑了过来，说道：“其实这个问题完全可以解决。了解一下基金投资，这就是让投资理财的专家来帮助我们管理财富，进行投资的生财工具呀！”

作为一名理财新手，面对五花八门的投资工具，很多人都摸不着头脑。尤其是做个人投资的时候，在一知半解的情况下，我们非常容易陷入投资陷阱之中，造成财产的巨大损失。因此，对于理财新手来说，最保险的做法，无疑是借用专业人士的力量，来实现自己的财富增值。而基金投资正是这样一种生财工具。

当然，我们虽然可以将自己的财富交由基金公司进行管理，

但这并不意味着我们自己就不需要操一点心。要知道，目前市场上的基金类型种类繁多，基金管理公司也不少，我们必须了解一定的相关知识，才能从中找对“投资专家”，真正让财富实现增值，走好这条“投基”之路。

那么，作为一名理财新手，我们要如何才能做出正确的选择，走好这条“投基”路呢？

首先，我们要了解基金，这样才能找出真正适合自己的基金。

通常来说，按照投资对象的不同，基金可以分为股票基金、货币基金、债券基金和混合基金。

股票基金指的是基金资产百分之八十以上都投资于股票的基金，这类基金由于股票投资的比例较高，故而风险也是最大的，但相应地，其长期收益也是所有基金类型中最高的。股票基金的收益主要取决于股票价格的波动。

与股票基金相反，货币基金是所有基金类型中风险最小的。货币基金的投资品种主要包括银行短期存款、国家和企业发行的一年以内的短期债券等。这些投资品种风险都比较小，但相应地，其收益也是各类基金中最低的。

债券基金指的是百分之八十以上资产均投资于债券的基金。通常来说，这类基金的长期收益要比货币基金高，但低于股票基金。在债券基金中，国债是信用度最高，投资风险最小的。当然，相对于企业债券基金来说，国债收益也相对较小。

混合基金，顾名思义，就是各类投资的混合。它既可以投资股票，也可以投资债券或货币，且投资比例并没有严格的限制。故而，混合基金灵活性较强，基金经理可以根据市场的变化随时进行投资策略的调整。

了解了基金的种类之后，我们接下来需要考虑的，就是如何为自己选择一只赚钱能力强的基金。

看一只基金是否优质，关键要看这支基金的内在价值，而不仅仅只是看它的价格高不高，规模大不大，能不能升值。基金的内在价值主要指的是基金的净值，这和基金管理公司的综合能力有直接的关系。简单来说就是，一只基金内在价值高不高，主要取决于基金管理人的管理能力、团队的专业素质以及基金公司的过往业绩和未来增值潜力等。

此外，在投资基金时，我们还需要注意，该基金的信息是否充分披露，只有及时掌握基金的变动情况，投资者才能及时调整投资方案，否则将可能造成巨大的财产损失。这里所说的信息包括基金的投资策略、投资管理情况和费用，以及投资经理人的投资定位和业绩表现等。

除了以上所说的这些之外，在选择基金时，投资者也要考虑到自己实际的情况与需求。比如很多年轻人和小投资者进行基金投资时，就可以选择收益较大的股票基金或债券基金。而如果是有家庭负担的中产阶级，进行基金投资时，则可以考虑更稳健的投资方式，如货币基金、保险基金、养老基金以及子女教育基金等。

总而言之，作为一名投资新手，在投资基金的时候，遇到拿不准的问题，一定要多问、多学，这样才能逐渐积累知识与经验，从而更好地走上“投基”之路。基金投资其实并不困难，只要肯潜心学习，哪怕你现在只是一名投资“菜鸟”，终有一天也必然能获得更好的收益。

当然，需要注意的是，在这个世界上，并不存在任何能够确保百分百收益的投资项目，基金投资同样也是如此，即便它相比股票投资来说更为稳健，但同样也是存在风险的。投资者一定要放平心态，认清基金投资存在的风险，并确保自己能够承担这一风险，然后再决定是否进行投资。

赎回基金：怎么“卖”，才赚得最多

“每次准备赎回基金的时候，我明明看到它价格在一路上涨，可怎么赎回之后，却发现收益根本没多少，尤其再把手续费一扣，简直就是白忙活一场，到底哪里出了问题呢？”

听到菲菲的抱怨，理财顾问说道：“基金投资，得会卖才是真精通，买不过只是入门水准罢了。”

很多做基金投资的人其实都曾有过和菲菲一样的经历，明明手中的基金看着势头一片大好，偏偏每次都因为卖得不是时候而少赚许多。有的人后悔自己卖得太早，以至错过了更高的价格；有的人则后悔自己太过贪心，越等价格越低。

虽然与股票相比，基金投资风险要小很多，但它的价格同样是在上下波动的。投资者一旦把握不好“卖”的时机，就会白白损失掉许多的收益与机会。所以，想要做好基金投资，除了要会选基金之外，更要懂得如何找准最佳赎回时机，把基金卖一个好价钱。

要做到这一点，在赎回基金之前，有一些事前准备是必不可少的，比如计算清楚基金赎回的成本、从中获得的收益以及投入时间等，这样才能抓住最合适的赎回时机。只有把这些准备都做好了，我们才能最大限度地保证自己的利益，避免任何因操作或计算失误而造成的损失。

任何基金的赎回成本都不会很低，为了避免不必要的损失，在决定是否赎回基金之前，投资者一定要计算清楚成本和损失，然后再理性做出决定。

此外，很多投资新手都会忽略一点，那就是基金在赎回之后，按照基金市场的规则，投资者并不能立即得到赎回款，而是通常需要等待七个工作日。因此，在计算基金赎回的成本和损失时，不要忽略延误的时间。

赎回基金之前，投资者一定要把握好市场动向，并对基金公司进行全面的分析和预测，这样才能把握好准确的赎回时机，力求实现收益最大化。要记住，无论任何投资，最忌讳的就是贪心，只有控制好自己的贪欲，理性做出决策，才能最大限度地保全我们的利益。

那么，我们到底应该如何来判断基金赎回的最佳时机，争取把基金“卖”出好价钱呢？

要点一：把握基金动向

虽然基金相比股票风险要小得多，但基金的价格同样是上下波动的，因此在购买基金之后，投资者也要记得关注基金净值的情况，把握好基金的动向。通常来说，收益稳定的基金，基本因素是不会发生太大变化的。也就是说，如果你发现原本收益一直表现稳定的基金，基本因素发生了变化，那么接下来它很可能会发生重大的转折，需要引起重视。

如果条件允许，投资者最好能考察一下基金公司在半年、一年甚至是两年以上的回报率。假如基金公司的回报率始终稳定在中上游水平，那么说明这支基金是比较有潜力的，可以考虑长期持有。但如果回报率不高，或者波动较大，那么为了规避风险，最好还是抓紧时间，果断出手。

要点二：设置“止损位置”

任何投资都是有风险的，哪怕分析得再透彻，操作得再小心，也不能保证百分百的收益。因此，投资基金之前，每个投资者都应该根据自己的情况，先给自己设置一个“止损位置”，明确所能承受损失的最大限度，在状况不佳时避免资金出现更大损失。

要点三：制定理财目标

很多有经验的投资者进行投资之前，都会根据实际需求，给自己制定一个理财规划，这个理财规划包括投资时间、投资目标以及目标收益等。当基金达到理财目标之后，自然就是最好的赎回时机了。

除了选对时机之外，赎回基金的方式也是对我们的收益有一定影响的。有经验的投资者们都知道，基金赎回并不是盲目地到银行或证券公司将基金卖出就行，只有选对赎回方式，才能避免许多不必要的损失。

先说分批减仓。众所周知，交易市场的趋势向来是极难把握的。如果投资者需要赎回的基金数目较大，为了降低风险，不妨采用分批减仓的方式逐步赎回，降低仓位，这样投资者不仅能更好地根据市场动向做出调整，同时也能逐步购买其他的新品种基金。

再说“两点半法则”。在基金市场待过的人都知道，按照规定，如果投资者在下午三点之前提交赎回申请，那么基金赎回的价格是以当天基金净值为准的；但如果是在下午三点之后提交申请，那么基金赎回的价格则需要按照下一个工作日的基金净值为准。此外，虽然规定的收盘时间是下午三点，但按照一般规律，基金价格起伏最小的时间是下午两点半左右。所以，那些有经验的投资者往往会选择在下午两点半左右的时候看盘，然后再提交赎回申请。

关键五步，顺利走上“投基”之路

“存款利息太低，炒股风险太大，上班工作太忙，压根儿没有时间去琢磨怎么管理财富，怎么投资理财，怎么办？难道只能眼睁睁看着别人日进斗金，自己却领着微薄薪水过日子吗？”

这就是“工薪女神”屠雅的烦恼，既想投资理财，又抽不出时间和精力去学习相关知识，只能在投资理财的门槛边上望而却步，羡慕地看着别人的财富“滚雪球”。

其实，要解决这个问题并不难，基金投资就是最好的选择。在投资理财界，基金投资是有名的“懒人投资”，因为基金的管理与操作主要是由专业经理人来执行的。投资者并不需要自己去接触资本市场，只要做好前期工作，选定基金品种，就能将大部分的事情都丢给基金公司，自己坐等收益了。

那么，作为投资者的我们，应该做好哪些前期工作，才能顺利走上“投基”之路呢？

第一步：诊断你的财务状况

所谓投资，自然要先有资金，才能投资。因此，在进行投资之前，我们应该先给自己的财务状况做一个诊断。这里所说的财务状况，指的不仅仅是我们的收入，还需要考虑到具体的生活开销。要记住，任何投资方案，都必须是以保障正常的生活为前提的。只有确保正常的生活不受影响，我们才能无后顾之忧地进行投资理财。

要想诊断财务状况，我们可以从分析现有资产、收入以及生活负担等方面入手。只有刨除日常生活开销和需要承担的负担之后，所剩余的“闲钱”才能用来做投资的资金。毕竟投资都是有风险的，哪怕是基金投资也可能会亏损，所以，我们在做投资的时候，一定要以不影响正常生活为前提，这样才能将风险控制在我们可以承受的范围内。

我们可以制作两张简单的表格，将自己当前的资产、收入以及负债情况等与财务相关的数据信息填写到表格上，然后再根据实际情况进行计划与调整。需要注意的是，在做计划的时候，最好留下至少三到六个月的生活支出，以免遭遇突发状况。

第二步：判断你的风险偏好

风险偏好，指的就是投资者对风险的态度。比如有的投资者认为，不确定性就意味着机会，他们喜欢挑战，热爱冒险，属于风险偏爱型；而有的投资者则相反，不确定性带给他们的，是不安与惶恐，他们更愿意做稳健的选择，这类投资者就属于风险厌恶型。

判断自己的风险偏好，这对如何选择适合自己的基金品种是非常重要的。不同的人对风险的承受能力是不同的，我们必须冷静地认清自己对风险的承受能力，这样才能选到真正适合自己，且与自己经济实力相匹配的基金。如果不能准确判断自己的风险偏好，那么在投资过程中，我们很可能会因为无法冷静承受风险而做出错误的决策。

那么，我们该如何判断自己的风险偏好呢？现在，很多银行和基金公司的理财柜台其实都有相关的测试，如果投资者不能确定自己的风险偏好，在投资基金之前，不妨做一做测试，看看自己究竟更适合做什么类型的投资。

第三步：设置你的投资目标

设置投资目标对于投资理财来说是非常重要的一件事。有的人可能会说，投资理财就是为了赚钱，当然是赚得越多越好，有什么好设置目标的。

但事实上，人在有目标的情况下做事和无目标的情况下做事，效果是完全不同的。这就好比跑步，当你知道终点在哪里的时候，哪怕中途遇到困难，你也依然可以盯着目标，给自己打气加油。可如果你连目标都不知道在哪里，那么在跑步时，一旦遇到障碍或分岔路，你就可能会犹豫、徘徊，甚至中途退出。

做基金投资也是一样，只有设置好一个合理的理财目标，在投资过程中，我们才能有目的地随时根据情况进行调整与规划，让投资变得更高效，从而实现更高收益。

在设置投资目标的时候，一定要把握两个关键点：一是要以自己的实际情况为准，不要高估或低估自己的经济实力；二是在设置目标时，尽可能越详细越好，最好能进行一个阶段性的划分，比如设置短期目标、中期目标、长期目标等，然后再进行具体规划。

第四步：选择你的基金品种

基金品种的选择直接决定了我们的“投基”之路会如何走。不同的基金品种，风险与收益都是不同的。比如货币基金的收益率在百分之二上下，但相应地，风险也比较小，且不受股市涨跌的影响；股票基金的风险则要比货币基金高得多，但相应地，收益也要高得多，其可预期的年收益率可达到百分之十到百分之十五。

需要注意的是，在选择基金品种时，我们一定要以自己的风险偏好为基准。通常来说，绝大多数的投资者都不会只投资单一的基金品种，理财专家通常也会建议投资者通过组合投资来降低风险、提高收益，至于组合投资中不同基金品种的比例，投资者则可以根据自己的风险偏好来进行调整。

第五步：拟定你的投资步骤

投资市场的状况是很难把握的，为了降低风险，在拟定投资步骤的时候，我们可以考虑以分批投资的方式将资金逐步投入市场。比如，将投资资金分成三份到四份，每个月进场一次，这种投资方式与一次性投入资金的方式相比，最大的好处就在于，可以避免让所有资金不慎都买到高点。

第七章　战股市，小心驾驶

——看懂复杂股市图谱，精准捕捉绩优股

股市是缔造财富奇迹的“圣地”，它可以让你一夜暴富，也可以让你在朝夕之间一贫如洗。它危机四伏，每走一步都伴随着巨大的风险；它随处都是宝藏，每一次风险背后都潜藏着巨大的收益。炒股是投资的一场冒险，但只要能战胜这场冒险，我们就能狠狠赢一次，这也正是股市的魅力所在。

都说炒股风险大，风险都在哪里呢

要说什么投资最赚钱，很多人首先想到的，必然是股票。

在投资市场中，股票的魔力是众多投资者都无法抵挡的。它可以让你一夜暴富，也能让你朝夕之间就一贫如洗，它能缔造财富的奇迹，但同样也能创造财富的悲剧。人人都知道炒股风险大，但即便如此，股市里也永远不乏前赴后继的股民。

股票的神鬼莫测，每一个在股市里摸爬滚打过的股民想必都有深刻的体会。但对于很多投资新手来说，他们对股票的认识和了解却是比较朦胧的。比如投资新人刘芳，就一直在苦恼，自己要不要踏入股市。

刘芳对股票的认知主要来自身边的同事。刘芳的同事中有超过一半的人都在炒股，每每看到他们因为股票盈利而喜上眉梢，刘芳心里就忍不住蠢蠢欲动，也想进股市去转一圈。但总是听说炒股风险大，刘芳心里也没个底，不知道这风险究竟在哪里。

像刘芳这样对股票投资心存向往和畏惧的投资新手非常多，在真正进入股市之前，他们对股票的了解大多来自身边的人，以及各种所谓的“炒股专家”。无论是身边的人还是所谓的专家，在提到股票时，都会提醒一句：炒股风险大。可是风险到底有多大？又大在哪里呢？

在回答这个问题之前，我们不妨先来看一个事例：

2020年3月，美国股市发生巨大动荡，十天之内发生四次熔断，每次都暴跌两千点以上。所谓熔断制度的设计，也是强迫投资者稍微冷静一下，不要一味地抛售，但在新型冠状病毒全球迅速蔓延的背景下，投资者对经济衰退的担忧迅速放大，继续不假思索地抛售股票。在2020年2月12日到3月23日这短短一个多月的时间，美国道琼斯指数暴跌超过一万一千点，直接回到了2016年11月份的水平。在此期间，著名的科技公司苹果，市值蒸发超过五千亿美元，比2019年全球排名第二十七位的泰国GDP还要多，在泰国之后，还有奥地利、伊朗、阿联酋、挪威、菲律宾、马来西亚、爱尔兰、南非、以色列、丹麦等一百多个国家和地区。一周内两次暴跌千点，道指和标普500指数双双跌至最低点，其中科技股更是遭到了前所未有的巨大冲击。亚马逊、谷歌、微软、苹果、Facebook 等五大科技股市值蒸发了四千三百七十亿美元。

受这一情况的影响，众多富豪身价暴跌。其中，亚马逊缔造者杰夫•贝索斯受到的冲击最大，其身价缩水了五十三亿美元。

股市可以缔造财富的奇迹，却也隐藏着巨大的风险。当然，股市最大的风险还不仅仅于此。

众所周知，在网络上，你可以找到无数的“炒股专家”。他们教你如何选择股票，甚至预测股市，分析得头头是道。然而事实上，这些所谓的预测是非常不可靠的，因为炒股最大的风险就源于股市的不可预测性。

投资市场是一个非常复杂的动态系统，它既受内部因素的相互作用影响，又被复杂多变的外部因素所制约，其运行规律是非常复杂的，或者说它根本就不存在一个可预测的规律。

事实上，那些举世闻名的投资大师是从来不会去“预测”股市的。他们更关注的，是股票本身以及市场的大趋势，而非股市在短时间内的涨跌变化，因为他们很清楚，任何对股市的预测，说到底都是在做“无用功”。

就连有“股神”之称的沃伦·巴菲特和全美最成功的基金经理彼得·林奇都告诫过投资者：“永远不要预测股市。”因为在这个世界上，是没有任何一个人能预测到股市短期走势的，更别说具体的点位了。即便有人恰好猜对，那也仅仅只是无法复制的运气罢了。

许多关注过股票相关信息的投资者应该都有印象，在中国市场上，很多大型的投资机构在预测上证指数最高点位时，就曾屡屡失算。

比如2005年末，不少证券机构都对2006年的上证指数最高点做出了预测，宣称一千五百点已经是最高目标位。结果，2006年的最高收盘点位却达到了两千六百七十五的高点。到2006年末，绝大多数机构对2007年上证指数的预测都远远低于四千点，但实际上，在2007年，有近半年的时间，股票市场都是在四千点上方运行的。尤其是到了十月份，上证指数甚至一度达到了六千一百二十四的高点。后来，股市大跌，又有不少人预测，说跌到四千点已经是底线。然而，实际上，股指最终却跌破了两千点。

还有2008年奥运会的时候，不少人都预测，说股市必然会有一波大行情。结果呢？奥运会前夕股市表现却非常弱，甚至在奥运会开幕当天还出现了下滑的情况。之后，股市一路向下，丝毫没有因奥运会的举办而呈现出“兴奋”之态。

这就是炒股最大的风险所在，没有任何人可以预测股市，也没有任何人可以保证自己的决策绝对正确。就像巴菲特说的：“我从来没有见过能够预测股市走势的人。”如果非要说股票投资有什么诀窍的话，那就是，投资那些业绩优秀的公司。

股票好不好，全在选得巧

看到年初股市行情不错，许多朋友都赚了钱，从来没有过实际炒股经验的徐曼曼也忍不住一头扎进股市，小小地投资了几把。

虽然从来没有买过股票，但徐曼曼自认对股票还是颇为了解的。毕竟这是个互联网时代，想要了解什么，只要动动手指就能轻松收集到各种各样的相关信息。徐曼曼是名会计，平时对财经类的消息就颇为关注，之前也了解过一些股票的相关知识，还听过几堂“专家”的课呢。因此，她对自己信心十足。

可没想到，徐曼曼买的几只股票，不是一路下跌就是小小波动之后便后继无力了。就这样，折腾了一番之后，再把手续费一扣，徐曼曼反倒还亏了几千块。看着银行卡上减少的数字，徐曼曼无奈叹息："不是说股市行情好的时候，闭着眼睛都能赚钱吗？我怎么睁着眼睛还能亏啊！"

众所周知，股市有牛市和熊市之分。牛市行情看涨，前景乐观；熊市行情看跌，前景悲观。在牛市里赚钱自然要比在熊市里赚钱容易得多，毕竟市场大环境对个股的影响也是不容小觑的。但说到底，你在股市里能不能赚钱，能赚多少，关键还在于你股票选得好不好。股票选得好，哪怕遭逢熊市，你也有机会小赚一笔；股票选得不好，即便身处牛市，也是完全可能亏损的。

那么，我们要怎样才能选出好的股票呢？回答这个问题之前，我们要先明确几点：什么样的股票才算是"好的股票"？股票为什么会涨？明确了这两个问题，我们才能对症下药，知道如何选出能赚钱的股票。

先说"好的股票"。投资者投资股票，目的非常明确，就是赚钱。因此，一只好的股票，必须是能够为投资者带来确定性收益的股票，也就是买了之后会涨的股票。说到这里，很多人可能会产生疑问了，不是说股市是无法预测的吗？那我们怎么可能知道哪只股票"确定"会涨呢？确实，没有任何人能选出一只绝对会涨的股票，但我们至少可以肯定的是，股票的涨跌与企业的经营状况是有密切关系的。我们或许无法确定一只股票会不会涨，但至少可以肯定一点，那就是行情会涨的股票，其公司业绩必然是不错的。

那么，股票为什么会涨呢？众所周知，股票是一种可以交易的有价证券。在一定时期内，一只股票发行的股数是一定的，当投资者们看好这只股票的时候，就会争相出高价去抢购，这样一来，股票的价格自然也就上涨了。但如果投资者们都不看好这只股票，甚至在股市上，卖方比买方还要多，那么为了尽快出手，卖方就会相继降价，这样一来，股票的价格自然也就下跌了。

从以上两个问题的答案可以知道，影响股价上涨的因素其实就是能够激发人们购买股票欲望的因素，比如国际形势、货币政策、国家政策、管理层态度、汇率、利率、政策导向、并购重组、题材炒作、主力资金流入、股市整体状况，等等。总体来说，影响股价的因素是比较复杂且繁多的，想要做到深入理解、融会贯通几乎是不可能的，但只要我们能掌握其中的一些规则，就能规避许多风险。

当然了，即便我们能做到对股市充分了解，也未必就一定能选出好的股票。毕竟截至 2021 年 4 月，A 股上市的公司已超过 4000 家，后续还可能有所增加，想要从中筛选出好的股票，无异于是大浪淘沙。但不管怎么说，只要能够淘汰一部分不好的股票，对我们在股票市场中的投资也是有巨大帮助的。

有理财专家曾经总结过那些值得投资的股票的三个共同点：好的企业、好的管理层以及好的价格。从某个层面上来说，股价其实也是企业经营状况的一种反映。一个好的企业，拥有好的管理层，那么其所发行的股票自然就会更有潜力，更具投资价值。

一个成熟的投资者，就好像是精明的猎人一般，在捕猎时需要具备足够的耐性，等待捕捉猎物的最佳时机。哪怕因过分谨慎而错失，也不能因冲动而冒进，毕竟想要在股市里赚钱，首先你得确保自己能在股市里“活下去”。

所以，一定要珍惜自己的本金，不要抱着侥幸心理贸然投入股市。投资者们应当时刻牢记证券市场的“墨菲定律”：永远有百分之八十的投资者在亏损。

最后需要提醒各位投资者的是，虽然说股票能不能赚钱，关键在于你选的股票对不对，但不可否认，在牛市中炒股总是比在熊市中炒股要更容易，所以，如果你是一名投资新手，那么最好还是避开股市大环境不好的时候，避免给自己的投资增加难度。

买股票，把握时机很重要

股票应该怎么买？看到这个问题，即便是从来没炒过股的人大概都能回答一句：“这还不简单？不就是低价买进，高价卖出吗？”

低价买进，高价卖出，其中的差价再扣除手续费，就是投资者在投资中的所得。这是非常简单的道理，但在实际的操作中，真正能把股票买在最恰当的时机上，却绝非一件容易的事，哪怕是理财专家也不敢打包票，说自己一定能将股票买在最低价。

在进入股市之前，湘湘一直觉得，炒股并没有什么难的，只要不贪心，看着股票低价的时候买进去，涨得差不多就卖出去，赚点零花钱就足够了。

但真正开始炒股之后，湘湘才发现，炒股并不像她以为的那样简单。明明看好一只股票上涨势头很足，可才刚追进去，股价就开始直线下跌；明明手里的股票已经显示出后继无力的迹象，可才刚抛售出去，就迎来一波暴涨。几次下来，湘湘零花钱没赚着，倒是把自己的存款都给“套牢”了进去。

很多投资者在投资股票的时候，想必都有过和湘湘类似的遭遇。毕竟理论与实践之间的差距其实是非常大的，股市一直都在波动，谁也无法预测出下一秒它究竟会走向什么地方，到底是上涨还是下跌。所以，即使明白了股票交易的简单原则，也不意味着就一定能抓住股票买入的最佳时机。

虽然股市无法预测，但股票投资是一门科学，而不是一门玄学，自然也是有其方法可循、技巧可学的。想要知道什么时候买入股票最合适，我们就必须深入地了解和研究股票的运作规律，分析行业、公司乃至技术参数等内容，这样才能用科学的方式判断出股票买入的最佳时机。

在进行股票投资时，注意以下几个关键因素，能够帮助我们更好地判断买入股票的最佳时机。

关键一：趋势线

许多有经验的投资者买股票的时候，都是根据趋势线来判断买入时机的。通常来说，股市中期上升趋势中，股价回调不破上升趋势线，然后又止跌回升时，可以考虑买入股票；股价向上突破下降趋势线，之后又回调至该趋势线上时，也可以考虑买入股票；股价向上突破上升通道的上轨线时，同样也是合适的买入时机；股价向上突破水平趋势时，也是不错的买入时机。

关键二：利好消息

利好消息的出现意味着股票价格很可能会出现上涨。因此，在股市刚刚出现利好消息的时候，越早买入股票时机就越好；如果利好消息出现在股市处于上升趋势中期的时候，那么就要注意逢低买入；如果利好消息出现在股市处于上升趋势末期的时候，那么就不需要考虑买入了，准备逢高出货吧；如果利好消息出现在股市处于跌势中期的时候，可以考虑少量买入，抢反弹，炒短线。

关键三：行业政策

市场永远是跟着政策走的，股市也不例外。因此，在判断股票买入的时机时，一定要留心行业政策的变动，以及股票发行公司的具体发展状况。比如当国家发布政策，要重点扶持农业领域的时候，投资者就可以多关注一下与农业行业相关的企业，并根据实际情况酌情考虑是否介入。

关键四：基本面

如果投资者准备对某只个股进行长线投资，那么在买入股票之前，就要注意留心该个股的基本面情况。通常来说，如果基本面业绩呈现持续、稳定的增长态势，那么投资者完全可以放心大胆地买入；或者如果个股出现突发实质性的重大利好，投资者也可以考虑介入。

关键五：成交量

股票成交量也可以作为判断股票买入时机的根据。当股价上升，且成交量呈现稳步提升的状况时，正是买入股票的好时机。这个时候，底部量增，股票价格稳定攀升，配合大势稍加拉抬，就能吸引一众投资者加入追涨行列，股价很可能会迎来一段飙升期。此外，当股价久跌后，逐渐开始稳定下来，成交量也缩小时，同样也很可能是买入股票的好时机。

关键六：K 线形态

K 线形态是众多有经验的股民确定股票买入时机的重要依

据。通常来说，当K线底部明显突破的时候，正是买入股票的最佳时机。比如V底、头肩底等，股价突破颈线点的时候就是最佳买点；若是在相对高位，那么无论K线呈现什么形态，都需要小心对待；而若是确定为弧形底，并形成10%突破，那么投资者完全可以大胆买入。

此外，股票处于低价区时，若底部连续出现小十字星，那么就意味着股价已经基本稳定了，只要有了主力介入的痕迹，通常股价就不会再继续下跌。假如出现较长的下影线，那就说明多头位居有利地位，投资者可以考虑买入股票。

股票怎么卖，才能收益高

眼看着身边许多朋友都在股市里赚到钱，舒敏也坐不住了，赶紧去银行开了户，把账上五万多元的存款尽数投入了股市。

舒敏毕业于某财经大学，学的就是经济相关专业。为此，她一直自诩是半个投资“专业人士”，认为自己虽然没有炒股的经验，但和那些业余投资者比起来，还是很有优势的。

刚开始的时候，舒敏在股市也确实称得上如鱼得水，她选的几只股票涨势都不错，短时间内就小赚了一笔。尤其是其中一只科技股，更是涨势惊人，舒敏买入时才每股十九元，之后就一路飙升到了四十五元，让舒敏乐得合不拢嘴。

股价涨了这么多，不少人都劝舒敏，还是赶紧出手的好。但舒敏却觉得，当前市场状态不错，这只股票又极具潜力，显然还存在一定的上升空间。为了把股票卖到“最高点”，舒敏决定再等一等。

结果，这一等就出事了，股价开始持续走低。中途，舒敏也想过要不要赶快把股票出手止跌，但又始终心存侥幸，盼着来个触底反弹。结果，就这么一直犹豫，直到股价跌到二十几块，眼看就要血本无归，舒敏这才又悔又恨地急忙出手。

投资股票，除了要会选股之外，把握买入和卖出的时机也同样非常重要。就像舒敏，在选股方面，她确实有一些本事，但毕竟缺乏经验，加之内心的贪欲，让她一次次错过了卖出股票的好时机，白白浪费了一次次机会。

在股市里，像舒敏这样的投资者其实并不在少数，他们通常会把重心放在如何选择好的股票上，却在买入股票之后放松警惕，以至于频频错过卖出股票的最佳时机。结果，白白折腾一场，落得个鸡飞蛋打的结局，实在令人惋惜！

股票怎么卖，这是在股票投资中非常关键的一个问题。把握不好卖出股票的时机，我们的资金就可能被套牢。而在复杂多变的股市中，一旦资金被套牢，就意味着失去了快速流动和增值的可能。当然，你也可以选择守仓策略，股价总是涨涨跌跌的，只要你有足够的耐性，总能等到解套的一天。但这也就意味着，在等待的时间里，我们的资金完全处于一种被搁置的状态，搁置的时间越长，损失就越大。

那么，在投资股票时，需要注意些什么问题，才能帮助我们把握好卖出股票的时机呢？

卖出时机一：个股突然大涨

一般情况下，如果个股突然大涨，并出现数额很大且数量较多的卖单时，很可能是有主力大户在抛售股票。在这种情况下，果断卖出股票是比较保险的。毕竟真正支撑股价的，主要还是大户，一旦大户撤出，即便刚开始会有不少小户买进，让股价继续上升一段时间，也持续不了太久，股价就可能直线下跌。

卖出时机二：高位出现价量背离

成交量是决定股价的重要因素之一，在正常情况下，成交量越高，股价的涨幅就越大。相反，若成交量不足，那么股价就会出现回落或者反转。因此，如果某只股票突然出现价量背离的现象，即股票价格攀升，但成交量却没有增加，或者股价下跌，成交量却没有减少，那就意味着出现了不可控的情况，最好还是赶紧出手股票，规避风险。

股价上涨，成交量却没有增加，甚至出现减少的趋势，说明买方的力量很可能已经开始枯竭，这种时候，即便股价空涨，也是不可能持续很久的，所以应当尽快卖出；股价下跌，但成交量却反而上升了，那就说明投资者已经看淡后市，正在抛售止损，再不卖出很可能会面临被套牢的风险。

卖出时机三：行情形成大头部

一般而言，当上证指数或深综指数开始大幅度上扬，形成中期大头部的时候，也是卖出股票的关键时刻。根据以往的经验，若大盘形成大头部下跌态势，则可能有百分之九十到百分之九十五的个股会随大盘一起下跌；若大盘形成大底部，则可能会有百分之八十到百分之九十的个股随之形成大底部。

可以说，绝大多数的个股和大盘之间都存在很强的联动性，只有少数个股会在某些特殊情况下逆市上扬。因此，为了规避风险，当发现大盘形成大头部区时，最好能果断将股票出手，不要有任何侥幸心理。

卖出时机四：股价超过目标价位

此前说过，做任何投资之前，投资者都应该给自己制订一个详细的计划和目标，这其中就包括一个盈利点和一个止损点。当达到盈利点，股价上升超过目标价位时，或股价下跌超过止损点时，都应该果断卖出股票。

通常来说，止损点的设置最好定在百分之十以内，即便你认为自己的风险承受力较高，也一定要把止损点控制在百分之二十以内。投资不是赌博，不应该孤注一掷，无论做任何投资，都不应对自己正常的生活造成影响。当然，在设置盈利点的时候，同样需要根据现实情况做好把控，不要因贪婪而将目标定得过高。

遭遇熊市，减少损失是关键

资深股民老谭炒股已经二十余年。刚开始进入股市那会儿，老谭运气好，遇到了牛市，靠着自己那“半桶水”的水平，竟也小赚了一笔。尝到甜头后，老谭就迷上了炒股。

后来，随着“牛去熊来”，老谭赚到的钱基本上又搭了进去，甚至就连自己的本金都遭受了损失。虽然遭遇了炒股“滑铁卢”，老谭却并未对炒股失去兴趣，反而越战越勇，甚至在数次起起落落的经验中，总结出了一套应对熊市的好办法，有效减少了自己的损失。

但凡炒股的人，无不“闻熊色变”，毕竟遭遇熊市，股市行情差，大多数的投资者都在亏钱。原本股市就变幻莫测、难以预料，加上大盘一低迷，个股的走势恐怕就很难变好了。当然，也会有极少数的股票逆市上扬，但这一比例是较少的，哪怕炒股专家也不敢说自己一定就能找出熊市里逆市上扬的股票。

不过，虽然熊市很可怕，但只要操作得当，不说能赚钱，但至少我们还是可以尽可能降低自己的损失，保护自己的资产的。只要能减损，就能避免因资金被全盘套牢而失去翻盘的机会。

那么，在熊市中，投资者应该怎样做来减少自己的损失呢？

关键一：看“透”股市

股市从来都是危机与机遇并存的，尤其是处于熊市时，更是危机四伏。投资者想要生存下去，甚至“杀”出一条财路，就必须不断提高自己对投资和股市的认识与了解。毕竟我们得先正确认识股市，这样才可能有正确的决策与操作，否则很容易掉入无处不在的陷阱中，蒙受损失。所以，想要在熊市保住自己的既得利益，首先就必须得把股市看透。

关键二：顺“势”而为

遭遇熊市的时候，自然也存在逆市上涨的股票。大盘对个股的影响是毋庸置疑的，但大盘并非是决定个股涨跌的唯一因素。即便如此，想要找准“逆市”的股票也并非一件容易的事，哪怕炒股专家也不敢打包票说自己就一定能在熊市里找到逆市上扬的个股。

因此，投资者在投资股票的时候，最好还是顺势而为，不要和市场对着干。只有做到顺势而为，散户们才可能在熊市里生存下去，若是一旦发现大势不对，更是应该果断出手，及时止损，以保住既得利益为第一准则。

关键三：抓“时点”

被困熊市，想要突出重围，除了买到一只强势的好股票之外，更要懂得抓住“时点”。能做到这一点的投资者，必然拥有精准的眼光和决断的魄力，唯有如此，才能在发现机会的第一时间就立即出手，而不是在瞻前顾后间错失良机。

比如，按照一般规律，在熊市里，投资者在大盘六千多点的“时点”上下大单，那么之后迎来的，很可能就是股价的暴跌；但如果投资者是在大盘一千六百多点的“时点”上下单，那么是很有机会等到股价触底反弹的。

关键四：抓“小”弃“大”

通常来说，在熊市里，一些中小板、创业板的上市股票对于散户来说，反而比那些发展成熟的“大股票”更有操作机会。这些股票虽然规模较小，但只要操作得当，反而可能成为投资者在熊市中的优质资源。此外，每年推出的良好分配方案的“高送转”股票也是不错的选择。

其实，在熊市里选股的思路非常简单，只要记得，无论什么时候，当你准备买进股票时，最好先综合考虑一下你所选择的目标存在的风险与机会，然后做一个简单的评估。只要机会大于风险，那么就值得一试；但如果风险大于机会，那最好还是谨慎一些。

关键五：抓住“确定性”机会

何谓“确定性”机会？举个例子，比如某机构对某企业进行实地考察之后，确定该企业在行业里有较大的竞争力，于是就大量增持其股票。这就是“确定性”机会。

股价与企业的发展和经营状态是息息相关的，但散户不可能像专业机构那样，可以对目标企业进行深入考察，甚至实地调研，从而判断出“确定性”机会。但只要仔细留心，散户其实也可以凭借自身的经验，以及手中所掌握的信息，把握住“确定性”的投资机会。

关键六：保持良好心态

不管做任何投资，拥有良好的心态都是极为重要的。尤其是想在熊市中立足，就必须保持良好的心态，时刻都能用冷静客观的态度判断情况，这样才不会被震荡的股市所迷惑，做出错误的选择。更何况气大伤身，遭遇熊市时，若不能将心态摆好，对自己的身体也是有很大伤害的。

第八章　玩收藏，财趣益彰

——明了收藏市场套路，兴趣赚钱两不耽误

拓展个人财富的渠道有很多，其中好玩又赚钱的理财方式之一，就是玩收藏，投资古玩、黄金、书画、红酒、珠宝等物件。然而，收藏界的水太深，套路多得令人眼花缭乱，如果对收藏市场不了解，就会亏损严重。所以，想要靠收藏来增长个人资产，就要明了收藏市场的套路，如此才能兴趣赚钱两不误。

收藏——用眼看坑，用心赚疯

“珊，你疯了吧？居然花了好几万买了这么一件玉雕！”在苏州市的某个酒店里，李姐指着张珊手上毫不起眼的玉雕诧异地说。

原来，张珊所在的公司派张珊和李姐去苏州出差。两人效率非常高，提前完成了出差期间的工作任务。两人见难得来一趟苏州，便想出去走走看看。

张珊因为特别喜欢古玩，在听闻苏州有个大型的古玩市场后，便想去那里逛一圈，而李姐早就对苏州园林向往不已，想领略苏州园林的美，故而两个人分头行动。等回到酒店时，李姐看见张珊手上抱着一件佛像玉雕，在得知玉雕是张珊以数万元的价格买下后，忍不住惊呼，才有了开头的那一幕。

对于李姐的惊呼，张珊不以为然，她笑着说："李姐，你知道的，我就喜欢收藏古玩。你不知道，我第一眼看到这件玉雕时，就喜欢得不得了，而且我有一种直觉，这件玉雕一定是个老物件，没准就被我捡了漏！"

李姐并不认同张珊的话，她皱着眉头说："珊，你是不是小说看多了？现实中哪有什么捡漏！还有，你手上这件玉雕的雕琢技艺并不高超，成色也不好。至于你说的像老物件，没准就是商家故意做旧的。"

张珊听后，并没有再说什么，而是一笑而过。

本以为这件事就这么过去了，没想到还有后续。张珊回去后，她带着自己的玉雕去了一家著名的鉴定机构。经过数个大师的鉴定，意想不到的是，这件玉雕真的是个老物件。哪怕玉雕的成色不太好，在送去某个拍卖机构拍卖时，也拍出了二十万元的价格。

李姐在得知张珊收藏的玉雕令她大赚了一笔后，简直难以置信，直说张珊的运气太好了。

张珊却笑着说："李姐，运气好是一部分，最大的原因是，我会用眼看坑。就比如那件玉雕，它的雕刻技艺不高超，但和一个雕刻大师的雕刻风格、习惯一模一样，这让我肯定，玉雕一定是那位大师的早期作品。"

就收藏而言，很多人是从兴趣开始的，就是看着喜欢，然后买下，并没有什么其他的目的。但是，随着收藏热的兴起，很多的收藏爱好者都发了财，不少人发现收藏能赚大钱的商机后，便也打起了收藏的主意。

殊不知，收藏是一个大坑。尤其是在收藏热异常高涨时，很多心思不正的人浑水摸鱼，制造了大量的假古玩。所以，在收藏这一行，当真是内行人看门道，外行人只能看热闹，而发财的也大都是内行人。当然，收藏除了考究一个人的眼力外，运气也占一部分，因为哪怕是收藏大家，也会有看走眼的时候，而那些看着不起眼、让人觉得是仿品的东西，没准就是真品。

因此，你想要在收藏上赚大钱，除了对收藏要很了解，能够敏锐地发现收藏中的各种坑洞外，也要考虑运气成分。一旦你对收藏不甚了解，运气始终不佳的话，那么就要悬崖勒马，及时止损了。

在收藏这一行，各种藏品可以说令人眼花缭乱，收藏什么的都有。而值得收藏的东西，并不是说要很贵，如果它具有特殊的意义，那么也是具有收藏价值的。像磁带、碟片、球鞋、奢侈品包等，这些都有人收藏，因为喜欢这些东西的人，会心甘情愿地花大价钱将东西买下来，这就是赚大钱的过程。

就目前的收藏市场来说，收藏热度高、价值高的有古玩、瓷器、钱币、邮票、珠宝等物件。

古玩是收藏界的典型代表，它除了有极高的文化价值外，也有很高的经济价值。所以，收藏古玩是一个保值、增值的投资；瓷器也是收藏界的大热，因为瓷器有较高的艺术、文化价值，尤其是一些技艺失传的瓷器，它的收藏价值更高；钱币、邮票也有收藏价值，但是这些收藏的水分较高，在某些收藏人的炒作下，价格波动巨大，这意味着在对的时机卖出去能大赚，在不对的时机卖出去会大亏；珠宝也是一个收藏热，因为珠宝素来就讨人喜爱，尤其是成色好、个头大的稀有珠宝，它的收藏价值更大，并且，随着收藏的时间越久，它的价格就越高，因为除了珠宝的本身价值外，时光的沉淀也令它提升了身价。

懂得收藏的人，资产能疯涨，而不懂得收藏的人，大部分都亏得血本无归。如果你想要成为一名收藏高手，不妨掌握这些小窍门：

窍门一：收藏要源于喜欢，切勿急功近利

很多时候，我们因为喜欢，才会花心思去了解所喜欢的事物。收藏上也是如此，你只有真心地喜欢收藏，才会耐着性子去了

解它，才会一心一意地收藏自己喜欢的东西。相反，如果我们收藏的目的仅仅是因为一时兴起，或是一心指望收藏能让自己暴富，那么就会出现今天收藏这个，明天收藏那个的情况，如此不如不收藏。

因为，这样的收藏不仅是杂乱的，也成不了规模，更别说为自己带来财富了。所以，收藏一定要源于喜欢，也切勿被急功近利的心所掌控。

窍门二：收藏要由浅入深

收藏市场是一个鱼龙混杂的地方，很多收藏者初入收藏这个行业时，就将自己的目标定为收藏高价值的稀世珍品。这样的收藏方式，一来会令自己失去信心和耐心，二来会令自己亏损巨大。前者是因为稀世珍品是可遇而不可求的，越是想要，可能就越得不到，时间久了，就会打击收藏的自信心和耐心，最终使你放弃收藏；后者是因为稀世珍品的标价都不低，一旦你买到的是假货，将会亏损巨大，最终不得不放弃收藏。

我们需要明白，收藏是一个漫长的过程，可以先从浅薄、普通的收藏开始，随着自己眼力的提升，再提高收藏的档次。这样才能在收藏的路上越走越远，越走越畅。

窍门三：收藏要用心去学，用眼去看

每一个收藏大家，除了对收藏极其喜爱外，他们在收藏上也学识渊博。尤其是对喜爱的收藏品，他们掌握的学识即使说上三天三夜也说不完，而他们的学识也令他们在收藏上少走弯路，少吃亏。所以，你如果有收藏的决心，想要长远地去投资，就要用心去学习，拓展自己的学识。因为对收藏品没有概念，或是胡乱收藏的话，最终亏损的是自己。

窍门四：收藏时切勿优柔寡断

俗话说，机不可失时不再来，很多时候，机遇就摆在眼前，但因为你犹犹豫豫，机遇就一晃而过，特别在收藏上，是极其忌讳优柔寡断的。因为，你在看中某个收藏品时，明明就认为它是个真品，但是因为价格，因为对自己眼光的不确定，很有可能就错失良机，使东西落在了懂得抓住时机的人手上，而你最终只能追悔莫及。因此，当你看中某个收藏品时，一定要尽快下手，切勿优柔寡断。

窍门五：不要因为收藏玩物丧志

在涉入收藏这个行业前，我们需要清楚，收藏的目的一来是因为爱好，二来是希望收藏能为自己带来一笔财富。一旦对收藏的喜爱过了度，为了收藏宁愿倾家荡产的话，那么就会玩物丧志了。所以，在收藏上，一定要保持理智，不能让收藏严重影响自己的生活和家庭，那样的话会得不偿失。

收藏是一件雅事，如果它能为我们带来财富，那么它同时也是件乐事。在收藏上，只有用眼看坑，坚持本心，才能赚到大钱。

炒黄金，注意拿捏分寸

在历史发展的过程中，每经历一个时代，就会更换一次货币。这些货币随着时代的逝去，也失去了流通的价值。但是，在历史进程中，黄金的价值始终不变，它依然是最有价值的货币，依然是财富的象征。

在国际金融市场上，黄金也是衡量一个国家财富的标准，也能作为国与国交易的货币，是地地道道的硬通货。并且，黄金还能有效地抑制通货膨胀。也正是因为它具有较高的价值，所以成为很多投资者的首选。

黄金之所以会被投资者们爆炒，无外乎它具有这样一些优点：

首先，保值性好。当发生通货膨胀时，物价会上涨，货币会贬值，在经济环境不景气的情况下，不论是储蓄、炒股还是理财，都会面临巨大的风险。但是黄金不同，因为黄金的价值是世界认可的，价值相对稳定。

其次，流通性强。正如先前所说，纸币会随着环境变化受到波动，但是黄金应有的价值不会变化。因为，黄金是世界级别的货币，当某种纸币崩盘时，黄金可以兑换成其他的货币。

再次，黄金市场是全球性的市场。资深的投资者都深知，股票投资风险很大，因为有很多的大额投资者为了谋取巨大的利润，往往会操控股票的价格走势，然后在股票最高价时抛出，这令无数的小额投资者损失惨重。黄金却没有这样的顾虑，因为黄金是全球性的市场，全球价格统一，透明度极高。

最后，黄金是稀缺金属。众所周知，地球上的资源是有限的，特别是稀缺性的金属，价值向来都高。黄金作为稀有金属，它有不可再生的特性。所以，从长远角度来说，黄金的价值只会越来越高，哪怕它在这个时间段贬值了，未来也会有升值的空间。

在黄金交易市场上，目前最受投资者欢迎的当属黄金纯度极高的金条、金币、金叶这些制品，黄金期货、黄金股票等产品也极受黄金投资者的青睐。纵观历史上黄金的价格，大幅度内由低走高，小幅度内上下波动。所以，炒黄金的人，多数都拓展了自己的财富，即使在黄金市场不景气的时候，也不会损失太多。

在很多朋友眼里，李小筀人不错，就是太吝啬，做朋友这么多年，也没见她请谁吃过饭。当然，她的吝啬不只对朋友，也对她自己，譬如她的一件衣服可以穿好几年，毛衣起球了也不舍得给自己再买一件；她每天早上会做好午餐带去单位，只因为单位的午餐太贵；她鲜少会买化妆品，就像口红，她会用到见底了再买。

朋友们都很不明白，李小筀的工资明明不低，怎么就将日子过得这么节俭。对此，李小筀笑着说："我的钱都用来买黄金了！"

对于李小筀说的买黄金，大家都认为她买的是黄金首饰。而她这样的行为，大家也都不赞同。因为，在这些朋友眼中，黄金只是饰品，买那么多有什么用，并且也从没见李小筀戴过。

就这样，数年一晃而过。忽然有一天，朋友们接到了李小筀的邀请，约他们去吃饭。对于李小筀大方的行为，大家都觉得太阳打西边出来了。来到吃饭的酒店，大家看到李小筀后，一个个目瞪口呆，因为，李小筀穿着崭新的衣服，背着某奢侈品的包包，手上还戴着一颗大钻戒，令人一眼能看出她发财了。

朋友们询问李小笙是不是发财了，怎么发财的。李小笙也没藏着掖着，她告诉大家她炒黄金赚了一大笔钱。

原来，李小笙一直都关注黄金的国际价格。前两年，她看到黄金的价格跌得离谱，便买下了一些金条，这才让她的日子过得拮据。之后的两年里，黄金的价格有涨有降，但幅度都不大，她一直耐着性子，没有将金条卖出。直到不久前，黄金的价格猛然大涨，最近两天，她见涨幅逐渐平稳，便果断卖出，大赚了一笔。

虽然说，黄金是热门的投资之一，但并不是每个投资黄金的人都会大赚。因为，投资黄金也存在风险，尤其是大量购买黄金，或是频繁买进卖出的投资者们，绝大多数都以亏损而收场。所以，想要财富增长，一定要会炒黄金。对此，有这样一些小窍门。

窍门一：要了解黄金市场

做任何投资都需要了解行情，分析市场提供的信息，最后再决定是否要买入，投资黄金也是如此。所以，投资黄金前，我们一定要先分析黄金价格的波动幅度大小，并分析其波动的原因，通过获知的信息，对未来黄金市场的走向有一个判断，决不能凭着自己的喜好，或是跟风去炒黄金。

窍门二：低价买入，果断卖出

从宏观上来看，黄金的价格就像是连绵起伏的山丘，有涨有降。只要不在黄金价格的最高点买入，只要有足够的耐心等待价格上调，再及时地卖出去，我们就一定能赚上一笔，倘若在黄金价格的最高点买入，那么只能亏损，或是只能保本。所以，想要依靠炒黄金来赚钱，一定要谨记“低价买入，长期持有，果断卖出”这十二字真诀。

窍门三：购买纯度高的黄金

黄金被开采出来时，纯度都不高，这样的黄金价格也不会高，只有提炼出来的高纯度黄金，才能卖得上价格。所以，买入黄金时，我们一定要购买高纯度的黄金。此外，需要注意的是，买入黄金时，一定要选择合法的、能够保证资金安全的、黄金纯度高的公司来交易。

不管投资什么，我们都需要保持理智，投资黄金亦是如此。只有理性地炒黄金，存款位数才会迅速延伸。

投资书画，得钱得闲得高雅

在收藏界，书画是热门的收藏项目之一，人们对它的投资力度已经能与股票、房产相媲美。那么，书画为什么值得人们投资和收藏呢？

在宣纸之上，各种字体展现出了五彩缤纷的美学，展现出了书写人的风骨，而画更能直观地传达给人艺术的美感。可见，好的书画是具有较高的艺术价值的，能令人赏心悦目，心旷神怡。此外，书画还有较高的文化价值，因为从书画里人们能追寻那个时代的特色，尤其是从古代传下来的书画，能令人从中窥视那个时代的风土人情，极具研究价值。

还有很重要的一点，投资或收藏书画能够展现个人的品位。因为从古至今，书画就被视为一种高雅的艺术品，对于那些追逐高雅的人来说，他们会对书画格外着迷，会买下自己看中的书画，以此来彰显高雅的情怀。尤其是那些被世人认可、追捧的书画，直接与个人品位相挂钩。正是因此，才有了投资书画的热潮。所以，懂得投资书画，钱与高雅会双收。

余楠和丈夫赵北都是普通的职工，日子不富裕，但也没有金钱上的烦恼。就当余楠觉得自己这一生会这么平平淡淡过下去时，一场灾难降临在她的小家庭，她的丈夫患上了重病。为了看病，她耗费了所有的积蓄，卖掉了自己的房子，甚至还欠了大笔的外债，好在，丈夫的病被治愈了。

在接下来的几年里，余楠省吃俭用，攒钱还外债。在亲朋好友的眼里，余楠夫妻俩的日子无疑过得相当艰苦。可是忽然有一天，余楠拿出了一大笔钱还清了外债，还买了一套三居室的房子，在衣食住行上也不再节省。很显然，余楠夫妻俩是突然发财了。

对于余楠夫妇突然变富裕，一些关心他们的朋友担心他们的钱来路不正。对此，余楠笑着说："我的确赚了一笔意外之财，但这笔财富是我投资书画赚来的。"

原来，余楠是一个书画爱好者，但凡她看对眼的画，只要价格在她的接受范围内，她都会买下。大学毕业那年，她和朋友出国旅游，在一家古董店里，她看中了一幅油画。油画画的是日出，画上的色彩不多，但画面感极强，她一眼就喜欢上了，而在油画的右下角有画家的签名。

就这样，这幅画被她买下，并带回了国。这些年来，她将画保护得很好，闲来无事时，就会拿出来欣赏一番。就在不久前，她见家里实在困难，便抱着侥幸的态度，将这些年收藏的画带去了拍卖会，正是这幅《日出》拍出了一个高价，才让她大赚了一笔。

书画投资得好，的确能令人大赚一笔。但是，任何投资都是存在风险的，投资书画也一样，一旦缺乏眼力，我们就可能买到赝品。此外，书画的保存不易，一旦有所损耗，也会有贬值的风险。

那么，如何投资书画，才能令我们赚上一笔呢？对此，要谨记这样一些小窍门。

窍门一：不是年代越久的书画就越值钱

很多投资书画的人，思维上都有这样一个误区，认为书画的年代越久就越值钱，越值得去投资。其实不然，近代有许多书画的价值都是远超久远时代的书画的。所以，投资书画并不单单要看书画是否年代久远，也要考虑书画是出自何人之手，书画的技艺、文化价值等众多的因素。

窍门二：不要过于相信鉴定仪器和鉴定证书

随着投资书画、古玩的市场越来越大，投资的人越来越多，为了方便投资者鉴定书画的真伪，人们便制造了许多的鉴定仪器，一些商家在出售书画时，也会配上鉴定的证书。然而，经过鉴定仪器鉴定的书画，以及配有鉴定证书的书画，就一定是真迹吗？答案显然是否定的。

因为，一些高仿的书画足以迷惑鉴定仪器的判断，而一些商家为了牟取暴利，也会制造假的鉴定证书。所以，投资书画时，我们不能过于信赖鉴定仪器和鉴定证书，条件许可的话，应该请专业的书画鉴定师来肉眼鉴定真伪。

窍门三：不是过世的艺术家的作品才值钱

在很多人的心中，一定认为艺术家过世后，其作品才值钱。所以，许多投资者在投资书画时，会考虑作品的作者是否已经过世这一因素。

不可否认，许多值钱的书画，都是在作者过世后，才被提升了价值。但是，这种概率是极小的，因为绝大多数的艺术家死后，其作品依然默默无闻，价值远没有一些在世的艺术家的作品有价值。所以，在投资书画时，不要盲目考虑艺术家是否过世这一因素，应该将目光放在作品之上，因为是金子总会发光，好的作品才会被世人所认可。

窍门四：无名小卒的书画也值得投资

每一个知名的画家，都是从无名走向有名的，而其作品，也经历了从默默无闻到受人追捧的阶段。然而，很多人投资书画时，并没有考虑这个因素，只投资名家的作品。

我们买入名家的作品时，作品价格肯定不低，在持有期间，不排除会碰到令书画贬值的因素，哪怕没有贬值，赚取到的利润也不会过大。反倒是那些无名小卒的书画，在买入时价格很低，在持有期间，如果无名小卒突然出名，那么书画投资者将大赚一笔，哪怕他们没有出名，投资者的亏损也不大。

每个投资书画的人都要明白，影响书画价值的因素有很多，其中不乏炒作，就像很多名人的涂鸦，明明水平很低，但却被人炒出了高价。对于这样的作品，是否值得投资，这需要好好斟酌，因为一旦失去了名人效应，书画将一文不值。所以，我们投资书画时，要秉持着对书画的喜爱之心，要看中书画的技艺，这样才能得钱得闲得高雅。

为什么红酒值得收藏和投资呢

“亲爱的，我要去法国旅游，你们需要我代购什么？”李小夏建了一个微信群，又在群里吆喝了一声。

群里立马热闹起来，大家一一说着自己需要代购的东西。一眼看去，无外乎都是要带护肤品、化妆品、包包、围巾之类的，只有姜薇让李小夏帮忙买的东西比较特别，她让李小夏去法国后帮她带几瓶波尔多产的红酒。

对此，李小夏皱着眉头问：“小薇，你家里的酒柜已经塞满了红酒，怎么还要买呀？还有，我从来没有见你自己喝过那些红酒，所以你买那么多红酒干吗呢？多浪费钱呀！”

姜薇如实回答：“我买这么多红酒，并不是自己喝的，我是用来投资的。”

“红酒还能用来投资？”李小夏吃惊地问。

“当然，你知道1982年的拉菲吧，在20世纪90年代以前，1982年的拉菲并没有那么值钱。但是现在，1982年的拉菲已经卖出了天价。如果早些年能投资买入大量的1982年的拉菲，然后在这些年卖出，肯定会大赚。”姜薇说了一个最典型的投资红酒会大赚的例子。

收藏玩得好，资产会猛涨。所以，越来越多的人涉足收藏行业。而在收藏上，古玩、书画、黄金、瓷器、老物件等都是热门的收藏。其实，还有一个收藏也是投资快、回报高，那就是收藏红酒。

近年，有相关数据表明，收藏珠宝的回报率是投资的近一点五倍，收藏古玩的回报率是投资的近十七倍，收藏书画的回报率是投资的近十六倍，唯独收藏红酒，其回报率达到了近三十八倍。可见，红酒投资得好，将会一夜暴富。

那么，红酒为什么值得收藏和投资呢？

首先，红酒的需求量大。喝点红酒，不仅能够怡情，还能够美容养颜。所以，很多人爱上了红酒，甚至会每天小酌一杯。此外，红酒还代表着高贵、浪漫，男人与女人吃饭时，开一瓶红酒，立马能拉近彼此的距离。可见，人们对红酒的需求量很大，也正是因为需求量大，才值得去投资，值得去收藏。

其次，红酒的口感不错。白酒的口感辛辣，啤酒的口感苦涩，对于不喜欢辣、苦的人来说，这两种酒是绝不沾染的。唯有红酒，它的口感带着香醇和甘甜，喝进嘴里，令人回味无穷。正因为红酒的好口感，才得到了人们的喜爱，所以不管是自己喝，还是去收藏、投资，都是值得的。

此外，还有最重要的一点，红酒的升值空间大。因为，红酒的年份越久远，味道就越醇香。而越是年份久远的红酒，其价值就越高。所以，投资一瓶红酒，在家收藏数年后，转手出去就会赚上一笔。可以说，投资红酒的升值空间很大，是一笔高回报的买卖。

仔细说来，收藏红酒的历史已经有数百年。虽然说，收藏红酒能令人资产猛涨，但前提是建立在懂得收藏红酒之上，言外之意就是，并不是什么样的红酒都值得收藏和投资，并不是每一瓶红酒都会升值。那么，怎么收藏红酒才会令我们大赚一笔呢？对此，有这样一些小窍门。

窍门一：要注重红酒的口感

红酒，其实也称作葡萄酒。目前，葡萄的种类有很多种，而每一种葡萄的品质、甜度等都不同。所以，用不同的葡萄酿造出来的红酒，味道都不同。此外，酿酒的手法也是影响红酒口感的因素之一，而口感则是决定红酒价值的关键性因素。

口感好的红酒，才能卖得上价格，而口感不好的红酒，价格差强人意。所以，投资红酒时，一定要注重红酒的口感，收藏口感好的红酒，这样的红酒才有升值的空间。

窍门二：要注重红酒的品牌和产地

红酒是否会升值，有两个重要因素：一个是红酒的口感，一个是红酒的品牌效应。因为，大多数能升值的红酒都产自著名的红酒酒庄，像法国的波尔多和勃艮第就有许多闻名世界的酒庄，而这些酒庄生产的红酒就极受人推崇。

因此，投资红酒时，一定要注重红酒的品牌和产地。目前，适合投资的红酒有勃艮第顶级黑皮诺、意大利皮埃蒙特的名酒、波尔多苏玳、德国莱茵黑森的名贵甜白葡萄酒，以及勃艮第顶级白葡萄酒等。

窍门三：要懂得储藏红酒

就酒类来说，储藏的时间越久，就越发香醇。这里的储藏不是单单地将酒放置起来，是有要求的。因为，红酒是一种易挥发的液体，一旦在储藏上出现漏洞，红酒不仅不会香醇、甘甜，还极有可能会变质变味，这样的红酒便没有一点价值可言。那么，如何储藏红酒呢？

首先，收藏的红酒不能开封。每一瓶红酒的开口都封得严严实实，需要用特殊的工具才能打开，其目的有两个：一个是让红酒在瓶内继续沉淀酝酿，一个是防止外界的环境破坏红酒的质地。所以，一旦开封后再封口收藏，红酒的味道就会改变，继而失去升值空间。

其次，为收藏的红酒创造一个好的储藏条件。一般来说，红酒适合在恒温、避光、通风、恒湿、防震等环境中收藏，这样的收藏环境能够令红酒的气味更加浓郁，味道更加甘醇。所以，投资红酒一定要创造一个适合红酒储存的环境。

窍门四：在红酒的巅峰期出售掉

虽然说，红酒储存的时间越久，味道就越香醇。但是，这个时间是有限度的，对红酒也有要求。因为，大部分的红酒适合在三到五年间饮用，只有百分之一的红酒才适合长时间的收藏。

红酒虽然是一种液体，但这种液体是有生命的。因为，它的价值和香醇与所有生命体一样，会由盛转衰。一般来说，红酒会经历浅龄期、发展期、成熟期、巅峰期、退化期、垂老期，在巅峰期间转手，是最具价值的。所以，收藏红酒时，一定要标注红酒的出处、年份、酒庄信息，等等。

红酒不单单是酒，对开心的人来说，它是好情绪的助长剂，而对不开心的人来说，它能够浇灭人心头的忧愁。不管是自饮，还是收藏，它都值得去投资。

珠宝投资，既涨财富又赢面子

珠宝就像是一块吸铁石，对女人有着天生的吸引力。所以，女人走进珠宝店，脚像是会生根一般，舍不得离开，哪怕买不起珠宝，看上几眼也很满足。甚至，有些女人为了购买珠宝省吃俭用。女人为什么对珠宝格外钟爱呢？因为购买珠宝是一种投资，既能增长个人财富，又能让人赢面子。

刘小溪要结婚了，令朋友、同事佩服的是，她和她的男朋友是裸婚。

刘小溪和男朋友是同学，两人在学生时代就走到了一起，非常有感情。谈了几年恋爱后，两人商量要迈入婚姻的殿堂。不过，刘小溪和男朋友的家庭经济条件都不太好，并不能给他们经济上的支持，所以，两人干脆裸婚了。

虽然说是裸婚，但刘小溪也有一个要求，就是要有一枚钻戒。而她对钻戒也有要求，就是要在一克拉以上，纯度要极高。这样一枚钻戒，对刘小溪来说，是很昂贵的，为了能够买得起，她不得不省吃俭用。

当朋友、同事发现刘小溪不再买化妆品，不再买衣服，在吃饭上也精打细算时，大家都以为她要攒钱买房。有人劝说她："小溪，买房不急于一时，干吗要苛待自己？"

刘小溪却笑着回答："我不买房，我要买钻戒。"

她的回答令朋友、同事们难以置信，因为在他们看来，钻石仅仅是一枚饰品，为了买钻戒而省吃俭用，有些太不值得了。并且，他们认为刘小溪的经济条件本来就不太好，买那么贵的钻戒更显得没有必要。

尽管朋友们再三劝说，让她不要买那么好的，但刘小溪却不听，她固执而认真地说："小钻石没有升值的空间，成色好的大钻石才能升值。"后来，刘小溪如愿买了一枚一克拉以上的成色好的钻石。

就这样，一晃几年过去了，刘小溪和丈夫攒了一笔钱，准备买房。他们看到了好的房源，但价格上超出了他们的预算。然而，好的房子是不等人的，为了有足够的钱买下房子，刘小溪转手卖了她的那枚钻戒。因为钻石的成色好，个头也不小，卖出的价格居然比当初买入的价格还要高。由此可见，投资珠宝是能够增长个人财富的。

可以说，如今投资珠宝已经成为热潮。那么，珠宝有哪些值得投资的地方呢？

首先，珠宝可以给人撑场面。珠宝是财富的象征，是高贵的象征。有些土豪为了彰显自己的财富和地位，就会佩戴上价值不菲的珠宝，令自己有脸面。

其次，珠宝的装饰性很高。因为，珠宝能传递给人美感，哪怕没有经过后天的切割和设计，也美得令人移不开眼。尤其是当设计好的珠宝佩戴在人的身上时，它展现出来的美更强烈，也因此，它向来受人追捧。

再次，珠宝是不可再生的，极具稀缺性。俗话说“物以稀为贵”，珠宝会那么昂贵，就是因为它稀少。珠宝是大自然馈赠给人类的珍贵礼物，是天地的精华，具有不可再生性。所以，越是稀缺的珠宝，就越昂贵。

最后，珠宝带有货币属性。自古以来，稀缺的珠宝就扮演着货币的角色，用珠宝能够换取其他的物资。时代发展至今，虽然有了专门的货币，但珠宝仍然具备购买能力。尤其是经典的珠宝，譬如钻石、红宝石、祖母绿，等等，可以说是国际通用的货币。

除此之外，珠宝还有很多的优点，譬如便于携带、免征遗产税、易于保存、稳定增值等。也因此，它成为热门的大投资之一。需要注意的是，并不是所有的珠宝都是值得投资的，都是能为自己带来财富的。投资珠宝前，要注意这样一些小窍门。

窍门一：选择在市场低迷时买入珠宝

从宏观来看，珠宝的价格是持续走高的，但从微观来看，是呈上下波动的。所以，我们在投资珠宝前，一定要从微观的角度来关注珠宝在国际市场上的价格波动，在珠宝价格低迷时，可以迅速买入，因为这个时候买入，有很大的升值空间，哪怕没有升值，也不会贬值太多。相反，如果在高价时买入，升值的空间会很小，贬值的空间却很大。

窍门二：购买的珠宝要有历史意义

同样质地、规格的珠宝，如果它被名人佩戴过，则具备历史意义，那么它的升值空间会不断拓展，就像女王、国王佩戴过的皇冠，历史越久，意义非凡，故而拍卖出的价格会很高。

所以，对于十分富有的人来说，如果投资奢华珠宝，不妨投资有历史意义的珠宝。

窍门三：选择知名度高、品质上乘的珠宝来投资

一枚珠宝是否有升值的空间，必须考察两个硬性条件：一个是它出自哪儿，一个是它品质是否上乘。如果它是经由知名设计师设计，且品质上乘的话，那么未来会越来越值钱。相反，如果它出自普通的设计师，品质一般，未来的升值空间会很小。所以，投资珠宝时，一定要关注它出自哪儿，品质是否上乘。

窍门四：投资的珠宝规格不能太小

就钻石来说，碎钻不值钱，只有达到一克拉以上的钻石，才值得收藏，才具有升值的空间，这一点放在其他珠宝上也适用。所以，投资珠宝时，一定要关注珠宝的规格大小，不要投资规格过小的珠宝，要投资一定规格的珠宝，这样才能靠其增长自己的财富。

第九章　购车房，仔细思量

——纵然我们实现财富梦想，也不要花钱去买冤枉

衡量一个人经济条件好不好，人们常常首先想到的标准就是有没有车、有没有房？然后是开什么车、住什么房？可见，车与房对于大多数人来说，都是财富梦想的具体体现。人们努力赚钱，为的也不过就是衣、食、住、行，而住与行相对应的不正是房与车吗？但即便是购房买车，也是有技巧可循的，学会这些小窍门，才能避免在购房买车的过程中白白花了冤枉钱！

购房性价比，是永恒的主题

“当你手中有钱却不知投向哪里的时候，房地产将会是你最好的选择。做地主永远是最赚钱的，当然，除非你对贫穷情有独钟！”这是某家房地产公司打出的广告语，也反映近些年颇受投资者们青睐的投资方式——买房。

做房产投资确实非常赚钱，尤其近些年，房价更是涨得吓人，不少早期买了房的人，资产几乎都翻了一番。因此，这些年，不少手里有闲钱的人，都愿意把钱投到房产领域，职场“白骨精”方婷婷就是其中一位。

五年前，毕业三年多的方婷婷攒了一笔钱，打算做点小投资，但一时之间又拿不定主意，究竟投资什么好。后来，在父母的建议下，方婷婷贷款购入了一套六十平方米左右的小户型单身公寓，花费四十三万。之后，方婷婷将房子出租，每月租金八百元。

去年，方婷婷结了婚，和丈夫一块买了一套大房子，便以六十二万的价格，将之前买的单身公寓出售了。还清银行贷款之后，再加上这些年的房租，方婷婷通过这套房赚了足足十几万元。

像方婷婷这样投资房产获利颇丰的人不少，但也有一些投资者，虽然同样是投资房产，却没能获得多少收益。比如万芳就是这样一个“倒霉”的投资者，别人投资房产，随随便便就能赚个十几万，可她呢，投资了好几次，也没得到多好的收益。甚至有几次，房子压在手里，费了不少周折才卖出去，价钱也都不怎么理想。

可见，虽然近些年房产热，但想通过投资房产赚钱，还是要注意技巧的。毕竟房产投资，性价比是永恒的主题。那么，影响房产增值的因素主要有哪些呢？

因素一：地理位置

房地产行业里有这样一句话：“第一是地段，第二是地段，第三还是地段。”可以说，房产能不能增值，关键还得看它处在什么样的地理位置。比如一套配置普通但地段很好的二手房，往往要比一套配置很好，但位置偏僻的精品房更抢手，价格往往也要更高，这就是地段差异带来的影响。所以，投资房产的时候，地理位置是非常重要的，不要为了贪图便宜而选择那些位置不好的房产。

因素二：周边商圈

房产周边商圈的成长性对房价的影响是非常直观的，比如开发区的房产，随着开发区商圈建设的繁荣，价格也会直线上升。这里所说的商圈主要包括三个部分，即就业中心区、大卖场和住宅区，这三个区域之间会形成一种互动关系，从而促进商圈的发展与建设。

因素三：交通条件

众所周知，好地段的房子自然价格高又抢手。而我们说的地段好不好，关键还是看这个地段的交通条件好不好，出行方不方便。比如某个原本偏僻荒凉的地段，突然因为城市规划，这里设置了一个地铁站或一条公交路线，那么这个地段的房产必然会因为交通条件变好而升值。

因素四：房产品质

房产本身的品质对房产的价格影响也是较大的，比如一个小区，建筑造型别致，房屋空间布局合理，建材设备质量好，那么这个小区的房产必然会受到消费者的青睐，价格自然也不会太低，并且具备很大的升值潜力。

因素五：配套设施

通常来说，位于城市中心区域的房产，是不需要考虑配套设施的，因为地段繁华，需要的东西很容易就能买到。但如果是位于城郊新区的房产，那配套设施是否齐全就非常重要了，因为这直接决定了居民在入住之后的舒适程度。比如现在很多开发新区的房产，随着配套设施的逐步完善，其房价也会随之而逐渐上升。

因素六：周边环境

周边环境主要包含三个内容，即生态环境、经济环境以及人文环境，这三项内容直接影响着房产价值的变化。

生态环境主要指的是小区的绿化情况、空气质量等，通常来说，绿化做得好的小区会更受人们的欢迎；经济环境主要取决于城市规划，比如位于工业区的房产就不受人们欢迎；在人文环境方面，文化层次越高的社区，通常增值潜力就越强。这其实很好理解，环境对人的影响是非常大的，古代有孟母三迁，就是为了给孩子找一个好的生活环境，现在人们想要变得越来越好，自然也想在更好的环境中生活。

房子——国人最钟情的“奢侈品”

大多数中国人对房子都有一种执着，这其实不难理解。有一个家，一个属于自己的，能让自己感到安心的地方。而房子，对于我们来说，就是家的具象表现，光是看看居住者用心布置的每一处地方，用心选购的每一件生活用品，就可以感受到他们对家、对房子的重视。

或许正是因为有着对房子天然的好感，所以现在很多人只要有条件，都会热衷于买房。

这确实是个非常不错的选择，首先，房产投资在一定程度上能够规避通货膨胀的风险。比如在经济发展趋势比较好的时候，通常房地产市场也会随之升温，房产价格自然上涨；而若是遇到经济形势不太好的时候，只要购入房产时的价格泡沫不太大，那么相对于其他投资来说，房产投资也要稳定得多。

其次，投资房产的时候，投资者除了可以赚取买卖之间的差价之外，房产在使用过程中仍然可以长期创造收益。比如租赁房屋或门店都可以让投资者赚取租金。

最后，从长远角度来看，房产投资作为一项长期投资，其价值往往是逐步凸显的，尤其是在经济较为活跃的大中型城市，房地产市场往往不容易降温，房产价格也很可能一直都会呈现上涨趋势。

当然，还是那句老话，但凡是投资，就必定存在风险，房产投资也是如此，如果不做任何功课就盲目投入，很可能会给自己造成损失。因此，在投资房产时，投资者还是应当慎重行事，根据自己的需求选择合适的房产。

众所周知，房产是有使用价值的，我们购入房产，可以作为投资，也可以自己居住。如果只是为了自己居住而购买房子，那么需要考虑的问题就比较简单，比如价格是否合适、居住条件是否让人满意等。但如果我们购房是将其当作一项投资，希望能够从中获利，那么就必须像投资股票或基金一样，考虑房产是否具有升值的潜力等方面的问题了。

那么，当我们将购买房产作为一项投资时，需要如何做，才能实现收益最大化呢？

第一步：制订投资计划

做任何投资之前，都应该先制订一个详细的计划，投资房产也是如此，这其实就和投资股票、基金一样，你需要分析市场的发展趋势，从而判断房价的走势，还需要具备丰富的实践经验和专业的投资眼光，这样才能找到最具潜力和价值的房产，从而实现收益最大化。

第二步：考察房产

房产与股票和基金最大的区别就在于，房产是有实体的。我们在投资之前完全可以先做好实地考察，从中选择最具潜力，表现最优秀的房产来进行投资。

投资者在考察房产时，可以先从自己较为熟悉的周边地区开始，毕竟有很多因素是我们无法仅仅通过短时间的考察就能确定的，而选择熟悉的区域显然能帮助我们规避不少陷阱与风险。

考察房产时，有几个问题是需要注意的：首先是房产所处的地段，这是决定房产升值潜力的重要因素之一；其次是注意房产的配套设施，这对房产的升值空间也是有一定影响的；最后是注意房子的周边环境，尤其要注意近期的城市规划是否会对房产的价值产生较大影响。

第三步：选择房产

选择购置房产的时候，要懂得“看人下菜碟”。简单来说，比如你相中的楼盘具有较大的租房市场需求，那么你就要弄清楚，租房的通常是哪些人，这些人更青睐什么样的房型，然后再根据这些情况选择合适的房产进行投资。这样一来，除了赚取买卖房产之间的差价之外，你还能从中赚取租金。

第四步：选择合适的投资方式

房产投资的方式多种多样，投资者可以根据自己的实际情况来进行选择。比如最简单也最常见的方法就是，购置房产之后将其租赁出去，赚取租金，然后在合适的时候进行售卖，从中赚取差价。

当然，如果投资者不愿意花费过长的时间，只想从中赚取一波差价，那么也可以采用炒卖楼花的方式进行房产投资，通过支付少量订金订下一套或多套房产，机会合适时直接转卖，从中赚取差价。

无论你购置房产的目的是居住还是投资，都应该小心考察，谨慎决策，看准时机之后再出手。毕竟对于大多数人来说，买房都是人生中的一件大事，丝毫马虎不得。最重要的是，如果你将购置房产作为一项投资，那么一定要考虑到自己的经济实力。我们投资，为的是能过得更好，让生活更上一层楼，而不是给自己添加无谓的负担与压力，这样的话可就本末倒置、得不偿失了。

全款买车好还是贷款买车妙

买车，到底是全款好，还是分期好？

听到这个问题，王晴一拍大腿：“当然是全款好！可别相信4S店的那些人！”

当初王晴和丈夫去买车的时候，原本是打算全款买的，反正都是家里的闲钱，全部支付出去也不会对日常生活造成什么影响。可到了4S店之后，被店员一阵“忽悠”，夫妻俩便晕乎乎地听从了店员的建议，选择了分期购车。

结果，等一套麻烦的手续办下来，王晴才发现，这分期购车可不仅仅是普通的分期付款而已，还有不少捆绑销售的东西在里头，手续办下来也麻烦得很。更重要的是，王晴和丈夫平时也没有什么投资的习惯，有了闲钱就是往银行一存，赚点利息完事。这样一来，存款在银行的利息还抵不过分期购车需要支付的手续费呢！

和王晴相反，杜晶倒是觉得分期购车要比全款购车划算得多。杜晶算了一笔账：

如要购买一辆价值十二万五千元的车，首付百分之二十，贷款十万，两年产生的利息为一万元，手续费为五千元，附加条件是必须在4S店购买两年的商业保险以及其中的手续费。也就是说，采用分期购车的方式，两年大概要多花两万元左右的钱。暂时不需支付的十万元可以自由支配，如果用于购买投资理财产品，那么只要年收益率达到百分之十，两年就能得到两万元的收益。也就是说，如果懂得理财，并且每年获得的收益不低于百分之十，那么分期购车是比较划算的。

从王晴和杜晶截然不同的想法和意见就能看出，不管是全款购车还是分期购车，都存在优点和缺点，至于哪一个更好，关键还是要看购车者自己的情况和需求。还是那句话，适合自己的选择才是最好的选择。

那么，接下来，我们就一起来看看，全款购车和分期购车的优缺点，以及我们究竟更适合选择哪一种方式来购车。

先说全款买车。这个很好理解，就是一次性将车款全部费用都支付清楚。这样做的好处就是，简单、快捷、方便，并且不需要支付额外的手续费用。至于缺点，也很简单，就是资金压力较大，无法享受一些分期购车才能享受到的优惠活动等。

分期购车，就是通过银行或金融公司等机构申请贷款买车，然后再分期还款。那么，分期购车能给我们带来什么好处呢？

好处一：减轻资金压力

分期购车最大的好处就在于，能够帮助我们减轻资金压力。比如当我们看上一款车，但价格偏高，全款支付的话很可能会影响到我们的日常开销，这种时候，如果选择分期购车，我们就只需要支付首付的钱，通常是百分之二十左右，这样就不会对我们造成太大的压力，之后每个月的还款也基本上可以控制在能够承受的范围内。

好处二：保留资本进行投资理财

现在很多人选择分期购车，并不是因为付不起全款，而是为了保证自己拥有足够的现金流，然后利用手中的现金去钱生钱。如果你比较擅长投资理财，那么选择分期购车就能让你保留更多的资本，用于投资理财方面的运作，你所获得的收益很可能远比分期购车需要支付的手续费更多。

好处三：减少通胀带来的影响

众所周知，现在的钱可以说是越来越不值钱了，如今的一百元和十年前、二十年前的一百元相比，购买力已经打了好几个折扣。关于这一点，我们短期内或许感受不会很大，但贷款的时间越长，感受就越明显。所以，考虑到通货膨胀的影响，分期购车确实是有一定“优惠”的。

说完分期购车的好处，那么接下来就该说说它的缺点了。

缺点一：额外的手续费

选择分期购车，除了车子原本的款项之外，还必须额外支付贷款所产生的各项手续费。尤其车子是大件物品，较为昂贵，因此手续费算下来也是一笔不小的支出，少的大概要一两千元，多的则可能到五六千元。

缺点二：捆绑消费

分期购车从严格意义上来说，就相当于是借用别人的钱买了一辆车，因此在购车的过程中，我们几乎是没有什么发言权的。

比如对方规定，必须在4S店上全险才能分期购车，那么只要你打算分期购车，就必须答应对方的要求。更重要的是，在这些捆绑销售的东西中，有不少可能是你用不到或很少能用到的。

缺点三：强制安装GPS

之前说过，分期购车严格来说，就是借别人的钱来买车。在分期的贷款没有还完之前呢，这辆车其实还不能完全算是属于你的，因此，发放贷款的机构往往会强制你在车上安装GPS，以免你携“车”潜逃。

汽车金融公司和银行，谁更靠谱一些

买车买房对于大部分人来说，无疑都属于大宗消费。很多买车的人，尤其是年轻人，在买车的时候，通常都不会选择一次性将款项结清。当然，有的人可能是因为没有足够的资金支付全款，有的人则是为了保证手中有足够的现金流，以便实现钱生钱的计划。

丁玲就是如此。不久前，刚做完一项大工程的丁玲拿到了公司奖励的大红包，便决定咬咬牙把买车的事宜提上日程。

早在年前的时候，丁玲就已经看好了一款车，但价格方面却有些高。如今项目顺利完成，老总给的大红包加上自己之前的存款，丁玲也算是小有资产的人了，于是便又动了买车的心思。

丁玲给自己算了一笔账：如果利用贷款的方式买车，自己只要拿出百分之二十的首付款项，之后再每月进行偿还即可，并不会对生活造成什么负担。更重要的是，节省下来的钱可以拿去投资理财，只要操作得好，赚到的收益可是比分期购车支付出去的手续费要多得多！

做出决定之后，丁玲立即展开行动，只是，在贷款的时候她有些犯难，究竟是选择向银行方面贷款更好，还是选择向汽车金融公司贷款更靠谱呢？

目前来说，能够为消费者们提供汽车贷款的机构分为两大类，一类是商业银行，另一类是汽车金融公司。不少准备分期购车的消费者其实都和丁玲一样，不太了解向这两类机构贷款究竟有什么区别，哪个机构更靠谱。

我们先来说一说银行的汽车信贷。

银行的汽车信贷分为两种：一是由银行主导的分期付款购车；二是由经销商主导的分期付款购车。

银行主导的分期付款购车，是银行直接面对客户开展的业务。银行通过调查用户的资信，得出最终评价，并根据这一评价，直接与客户签订信贷协议，之后客户只能到银行所指定的经销商处买车。用这种模式贷款买车，相当于是由银行来承担主要相关风险。但问题是，银行方面对汽车金融服务并不是非常了解，所以在相关方面可能会有所欠缺。

经销商主导的分期付款购车，是由经销商来与客户接洽，并完成对客户的信用调查与评价，然后以经销商自身资产为保，为客户办理贷款手续，以及相关保险和登记手续。之后，经销商也会代银行来向客户收取还款。这种模式最大的好处就在于，可以让客户体会到更方便的一站式服务。而且相比银行来说，经销商对汽车金融服务领域要更专业一些，能够根据市场变化及时面向客户推出更合适的金融服务。但需要注意的是，使用这种模式贷款购车，经销商是要收取车价的一定比例的手续费。

再来看看汽车金融公司的汽车信贷。

汽车金融公司指的是由中国银行业监督管理委员会批准设立的，为国内汽车销售者与购买者提供金融服务的非银行金融机构。客户如果打算通过汽车金融公司来贷款买车，那么汽车金融公司需要对客户的资信进行调查、担保、审批，之后再向客户提供分期付款的服务。汽车金融公司通常是由汽车制造商控股的，因此相比其他机构，它们更能为客户提供专业化的服务，包括技术指导、保修、旧车回收、车型置换，等等。

既然已经对银行和汽车金融公司都有了一定了解，那么我们不妨从几个方面来对比一下，看看两者之间，哪种贷款方式更适合我们。

对比一：申请门槛

从申请门槛上来说，银行车贷要比汽车金融公司严格得多。通过银行贷款购车，客户通常需要提供户口本、房产证等资料，并且需要拿出房屋或有价证券来作为抵押。一般来说，客户拿出的资产证明越多，申请贷款成功的可能性就越大。而汽车金融公司的放贷标准则要宽松得多，主要是看客户的个人信用状况。

需要注意的是，由于外地人流动性较大，因此在申请贷款时，银行方面的要求会更加严格，且成功性也比较低。但如果是向汽车金融公司申请贷款，那么只要客户个人信用良好，且有固定的职业和居住场所，以及稳定的收入和还款能力，那么通常是比较容易成功的。

对比二：首付比例

从首付的比例来看，多数银行目前规定的购车首付款最低为售价的百分之四十。而汽车金融公司的首付款比例则比较低，通常为全车售价的百分之三十左右，如果客户信誉度非常好，这一比例甚至可以降低到百分之二十。

当然，需要注意的是，有的汽车金融公司为了吸引客户，会打出“零首付”的宣传，但实际上，在所谓“零首付”的背后，汽车金融公司必然会附加比普通贷款更高的手续费，这样算下来，“零首付”反而比普通贷款要昂贵得多。

对比三：贷款利息

虽然汽车金融公司的贷款更容易申请，但其贷款利息是高于银行的。通常来说，银行车贷的利率是按照中国人民银行规定的同期贷款利率来计算，而汽车金融公司的利率往往要比银行高出一个百分点。也就是说，如果按照十万元的贷款来计算，汽车金融公司三年期的利息就要比银行高出三千元。

此外，通过汽车金融公司贷款，还可能存在某些隐性消费。比如在办理汽车金融公司的贷款时，客户往往会被要求在 4S 店购买车险，其费用要比直接在保险公司购买高一些。

不过现在有不少品牌会通过自己的汽车金融公司推出一些特色车贷，而且只要是自己公司经营的专属品牌，汽车金融公司都会有一些优惠，手续费也相对低一些。

对比四：月还款额

在月还款额方面，有的汽车金融公司会对客户提供灵活性较强的弹性信贷服务，即通过不超过贷款额一定比例的弹性尾款，在合约到期时，为客户提供多种选择：一是一次性结清弹性尾款，获得汽车所有权；二是对弹性尾款申请二次贷款，继续进行分期还贷；三是在经销商的协助下，以二手车来置换新车。

根据以上对比，客户可以根据自己的需求，选择适合自己的贷款方式。一般来说，在支出差别不大的情况下，如果你打算购买的目标车辆品牌没有相应的汽车金融公司，并且你的资信度较高，有良好的还款能力，那么不妨选择商业银行贷款；但如果你是外地户口，或者资信度不是很高，又或者你所青睐的车辆品牌具有相应的汽车金融公司，那么选择汽车金融公司贷款或许更适合你。